幸福の「資本」論

幸福资本论

［日］橘玲◎著　王雪◎译

人民东方出版传媒
People's Oriental Publishing & Media
东方出版社
The Oriental Press

幸福"资本"论

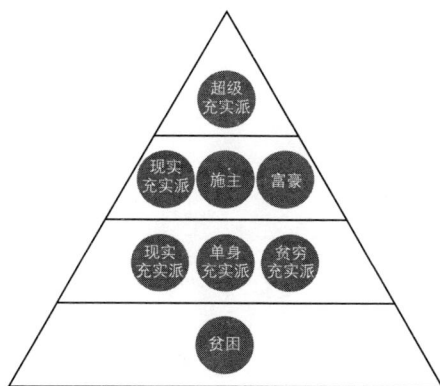

序章　你就是奇迹

我想这本书首先从最简单的事实开始说起。那就是：

现在的你存在于此就是一种奇迹。

其实，这并非关于哲学、宗教的故事或者神奇的超自然现象。你的父亲和母亲因爱邂逅，你偶然被选中作为两人遗传基因的组合降临到世上，体验各种各样的人生经历，这其中也有很多的相识与分别，一直到现在，这些都是庞大数量的偶然的累积。如果我们把这种"偶然"称为"奇迹"，其实那不过是众所周知的一些理所当然的事实。

在这些偶然当中，我特别想强调的是：

你生活在如今就是最大的幸运。

说到这里，也许笔者会立刻听到各种批判的声音。比如，日本经济经历了 20 多年痛苦的通货紧缩，非正式雇佣、工作岗位不足，无业人员、自闭者急剧增加，年轻人在黑心企业超负荷工作，被逼自杀，退休后受到破产威胁的老年人只能孤独终老。

其实，笔者并非要否定日本的现状。但是，另一方面，如果我们踏出岛国一步，就能立刻意识到目前的状况是"向下看，深不见底；向上看，马上触顶"。

有因战争、内乱而流离失所，冬天漂流在寒风大作的海面上奄奄一息的难民们，有被 IS（伊斯兰国）的狂热信徒集团控制的人们，此外，冷战结束后，虽说在亚洲和中南美洲地区已经没有了导致众多民众牺牲的武装冲突，但在中东和非洲，依然有很多人饱受权力过剩或权力空白所带来的痛苦。与此相比，日本治安稳定，"二战"失败后 70 多年与战争无缘。作为世界第三位的经济大国，国民的富足指标中的人均 GDP（虽说一直以来名次有所下降）也证明了日本在世界上处于富裕国家行列这一点无可厚非。

这并不是这段时间流行的"厉害了，日本"的故事。如今世界各国都呈现出严重的社会对立和分裂断层，国民对本国的政治怨声载道，有时候还会迸发出激烈的愤怒之情。环顾邻国，大家会马上想到一些远离"民主主义"，国民连发声也不被允许的国家。这就是"深不见底"的意思。

那么，"理想之国"到底在哪里呢？"二战"后日本一直将美国作为"民主主义的教科书"，既崇拜羡慕又有所抵制。唐纳德·特朗普当选美国总统，成为历代总统中罕见的平民总统，对此美国各地爆发了激烈的抗议活动。如今的美国和日本，人们已经不清楚哪个国家的民主更加真实。青鸟^①已不复存在。

联合国每年会对人均 GDP、健康与寿命、男女平等、政治/行政的透明性、人生选择的自由度等进行统计，发表"世界幸福指数排行榜"。北欧等欧洲北部国家占据前几位（其次是加拿大、澳大利亚等盎格鲁－撒克逊人的移民国家）。近来被称为"新自由主义福利型国家"的瑞典、丹麦等国，其自由的政治、社会制度在很多方面优于日本，在雇佣制度、教育制度等方面值得别人学习借鉴，但并不能据此就说它们是"幸福的理想社会"。在丹麦，主张驱逐非白人移民出境的国民党虽然只是辅助执政，但他们却实实在在地执掌着部分政权。在荷兰总统选举中，主张阻止欧洲伊斯兰化的黑鲁德·威路德鲁斯所在的自由党获得的票数得到提升。即便是世界上最自由的国家也都是"反移民""反 EU"的右派民粹主义占统治地位的社会。

我不愿意住在"北欧"，而且并非只有我一人这样想。东南亚的海滩度假区有很多从北欧的"幸福国度"移居过来的人。听他们说，搬过来最大的原因是为了避开漫长寒冷的冬天，而发牢骚更多的是因为"已经厌倦了自己的生活"。这里我就不再详述，北欧确实是将个人主义发挥到极致的特殊社会。如今的日本也在拼尽全力进行"改革"，当然这也

---

① 译者注：指人们梦想中的幸福。

是有必要的。其终点也许是人们能自由平等地生活，但在移民问题上舆论各持己见，而且人们从懂事开始，到去世为止不得不在"自负责任"和"自己决定"的阴影中生活。这就是"向下看，深不见底；向上看，马上触顶"所包含的意思。

但即使如此，我们也不用感到绝望。

那些所谓的"知识分子"散播着"资本主义终将结束，经济大混乱即将到来""社会将出现右倾化，我们会被卷入战争"之类的不祥预言。但是，回顾过去的一百多年，我们所生活的社会一直是安全的，从各项指标来看，人们都很富足。并且，在时间轴上延长300年、500年、1000年，或10000年都是如此。

以前的日本社会，只有一小部分特权阶级能够获得财富。但是现在有更多的人能够接轨"幸福的条件"。试想在江户时期、明治时期和昭和初期，我们是无法想象"平民"能谈论幸福的。

那么为什么"三丁目的夕阳"是人们理想化处理后的世界呢？如同众多的社会学家所指出的，即便是"让人憧憬的昭和三十年代"，富裕程度、犯罪率、男女平等、身份歧视等所有指标都赶不上现代社会。我们在经济高度发展后反观那个"让人讨厌的时代"，会有"那些岁月充满生机和希望"的错觉。

人们很容易被事故、犯罪、战争和天灾人祸等这类消极的事情深深吸引。发生了悲惨的事故后，媒体会大肆报道。"千钧一发之际预防了事故"的报道不能成为新闻，这不是由媒体的报道偏向造成的，而是观众对此毫无兴趣。

我们天生就拥有强烈的消极倾向，凶猛的肉食兽类成群结队地聚集的旧石器时代的热带草原上，懒洋洋晒太阳的动物和提心吊胆对周围情况高度警觉的动物，哪种动物能够世世代代子孙繁衍，大家稍做思考就能明白。我们都是"胆小者"的后代，媒体利用这种消极因素，就像每天都发生悲惨的事件一样，天天宣扬报道各种事件。

也有人会反驳，"拿江户时代与现代相比毫无意义。问题是（由于通货紧缩或右倾化）现代的日本社会越来越难以生活下去"。但是，在"日本处于世界顶点"的 20 世纪 80 年代（当时笔者 20 岁左右），那是一个从名校毕业，除了当官或在一流企业就职以外，没有其他成功之道的时代。

在 20 世纪 80 年代末的泡沫经济背景下，这种社会结构出现松动，过去处于社会底层的（流氓和与之同类的）人们衣着华丽地登场，但此后由于泡沫经济的崩溃和暴对法（暴力集团对策法）的实施，这种社会上升途径迅速被堵死。

但这之后，国际化的惊涛骇浪让日本社会结构的根基发生动摇，以前完全不可能破产的大型金融机构接连倒闭，经济状况混乱，此后，名不见经传的年轻人赤手空拳打天下，将巨额财富合法地收入自己囊中的时代已经到来。

静观历史，从"获取经济成功的机会"层面来讲，毫无疑问，现在的日本比过去任何时代都好。也就是说，生活在现代社会的日本人，被赋予了莫大的幸运。

那么，我们应该思考，怎样利用这样的"奇迹"和"幸运"，构建更加"幸福的人生"？

前面我多次谈过：

> 虽然人活着是为了获得幸福，但设计者当初设计人时并未从人的幸福出发进行操作。

长期以来，我们将设计自己的称为"神"，如今也知道了神的名字叫"进化"。在生命诞生以来，长期的进化历史不但创造了人的身体，也创造了人的心灵。我们哭、笑、恋爱、绝望都可以理解为进化的程序。并且，这种程序（遗传基因）的目的不是使作为宿主的我们幸福，而是不断地进行自我复制。

编入遗传基因的程序虽然极其有力，但它却不具备随着环境改变而迅速变化的能力。这就是我们被称为"拥有原始人的心脏却生活在钢筋混凝土中"的缘由。人的一生所经历的各种困难、在世界各地发生的悲惨事件，这其中的大部分是由于遗传基因和现代的价值观无法整合而造成的（欲知详情，请参看拙作《禁说》）。

但是，在这些困难的前提条件下，还是有实现"幸福人生"策略的可能性。这是因为我们生活的世界富足繁荣，科学技术高度发达。 利用这种优势， 人类会跨越进化所带来的严格制约。

本书将从 "金融资产""人力资本""社会资本" 三方面对 "幸福生活基本构造 （基础配置）" 的设计进行提议。 其实想法极其简单， 但正因为如此才会拥有一定力度。 因为如果大家按照本书的提议进行正确的人生 "设计"， 不管是谁都能拥有 "幸福的条件"。

也许有朋友会说 "天底下哪有那么简单的事情"， 但大家如果把这本书读完就会理解。 为什么这么说呢， 其实很简单， 因为你除了利用目前的 "奇迹" 和 "幸福"， 有逻辑地、 经济合理地进行思考之外别无他法。

目录

第一部分

"富人"与"穷人"的本质区别

第一章　幸福的三个基础

要谈论幸福，首先需要定义什么是"幸福"？我们姑且将幸福比作"房子"。幸福是人们主观上认同的事物，如果有人问"你想住什么样的房子"，人们也许会联想到各种风格迥异的建筑物。比如，欧洲城堡的豪宅、科幻电影里的高科技住宅、充满木制气息的日本传统房屋……当然，有些人比较现实，会说"大房子收拾起来太麻烦，还是住公寓好"。既然人们无法为房屋的好坏排序，那就只能说"哪种房子都挺好"。

但是，这些房屋有一个共同特点，就是如果我们的理想家园突然倒塌，一切都将从头再来。通过伪造房屋图纸，捏造打桩数据而建造的公寓已成为严重的社会问题。精准的设计图纸、牢固结实的地基，质量过硬是基础中的基础。

幸福也一样，必须在坚实的基础上进行正确的设计。这里所指的"基础"，我们称之为"人生的基础构造（基础配置）"。简单来说，就是"幸福的条件"。但是，在街头巷尾

流溢的 "幸福论"中，几乎没人去讨论人生的基础构造。这就如同人们对地基问题视而不见，却本末倒置地烦恼于房间布局、室内装修或碗柜里餐具的品牌一样。

在脆弱的地基上勉强修建的房屋，早晚会坍塌。如果在没有幸福的基础上演绎 "幸福的一家人"，最终也会使家庭破裂，一无所有。

幸福的三个基础

那么，幸福的基础是什么呢？说到这里，我脑海里浮现出各种各样的因素。万贯家财、权力和名誉、大家都羡慕的漂亮女朋友、年轻貌美、儿孙满堂的生活……也有人会想到一些消极（破坏幸福）的事情，比如罹患重病、交通事故受伤、失去心爱的人等等。这其中某些事情是人为不可控制的，对一个人的一生会产生巨大的影响。

因此，我们把幸福的条件分为 "可以设计的幸福"与 "不可设计的幸福"。所谓 "不可设计的幸福"就是 "命运"，是不容易改变的事情。也就是说，"命运"归属自我，是上天预先赐予的一种环境，无法改变，人们只能根据自己的命运去设计属于自己的人生。

对此，我们也没必要感到绝望。虽说命运无法改变，但随着科学技术的进步和发展，"不可设计的幸福"也会随之减少。

　　1940 年，在抗结核药发明之前，结核被人们视为"不治之症"，一旦患病就等于被宣判死刑。但现在，在残奥会上活跃着的运动员们，虽然因为身体的某个部位有残障，处于劣势，但他们却能借助高科技的辅助器具，获得正常人所不能拥有的成绩。以 AI（人工智能）为首的科技进步正在加速，让以往所谓的"命运"变成"可以设计的幸福"。

　　此外，社会多姿多彩，人们的职业也趋于多样化，可供选择的人生选项不断增加。江户时代的日本等级制度森严，大部分人除了子承父业，别无选择。而印度传统的种姓制度作为同样的等级制度现在也依然坚如磐石，执拗地制约着印度人的人生。

　　幸运的是，发达国家的"等级制度"已经消失，人们能顺理成章地决定自己的人生。一直以来人类总是苦于自己能选择的人生道路有限，而在富裕国家，年轻人却对种类繁多的人生选择感到迷茫。如果在理论上可以成为无所不能的"自己"，那要肯定如今的自己就非常困难。关于这个复杂的问题，（在某种程度上）可以通过正确的人生设计来解决，我们将在之后的篇章进行阐述。

　　此处首先介绍幸福的三个条件，它分别是：

　　1. 自由

　　2. 自我实现

3. 共同体（关系纽带）

与之相对应的三种基本配置：

1. 金融资产
2. 人力资本
3. 社会资本

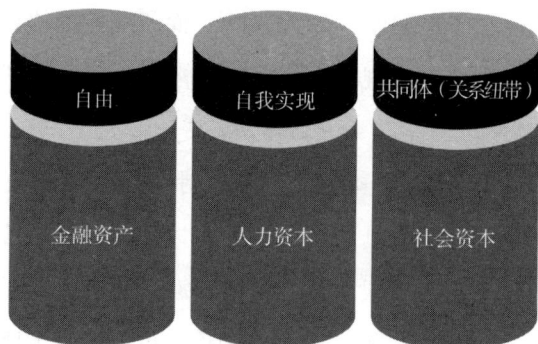

图1　幸福的三个条件

将其"可视化"后得到图1。这幅简单的图涵盖了此书所有的论述。

支撑人生的三种资本 = 自由、自我实现、共同体（关系纽带），这些幸福的条件根据以上资产来决定。建造何种房屋，由每个人的价值观决定。这就是本书的基本主张。

"资本"和"资产"是硬币的正反面

在具体谈论这个问题之前，我先说明一下"资本"与"资产"的区别。

学过会计的朋友应该知道，"资本"和"资产"是从不同侧面来说明金钱的两个概念。

假如我们手上有一张一千日元的纸币，用它来买本书。这种经济行为从金钱的调配方式来说是"资本"，从金钱的使用方式来说是"资产"。简而言之，资本就是"产生财富的力量"，"资产"就是"产生财富的方式"。

钱包里的一千日元纸币，只不过是单纯的一张纸片，但在市场上能用它来与有价值的东西或服务进行交换。你能用这张纸币买书，是因为你认为这本书有一千日元以上的价值。你用一张一千日元的纸币（主观上）买了一本值一千日元以上的书，从这种经济交换中你得到了财富。这时候，你运用自己的钱包里调配的一千日元"资本"，得到了（应该）值一千日元以上的书这种"资产"。

当然，如果你把这本书拿到旧书书店，也许只能卖一百日元。从狭义的会计来说，这本书的资产价值只能用市场价格的一百日元来定价，但如果这是书的全部价值，那谁也不会买书了，因为从买的一瞬间开始就已经损失了900日元。当然，这本书的价值在于阅读时的满足感和从书中得到的知识，这些会成为读者的经验，之后变成我们的"资产"。

会计的社会功能就是将大部分经济交易整齐划一进行评价，而主观上的价值却不能估算评价。这样用会计的方式思考人生设计是有难度的，这种限制与金融资产的评价完全没有关系。不管我们怎么评价股票和债券的主观价值都毫无意义，因为它的市场价值（卖出的价钱）就是所有。

这些年，金融资产中包括房地产这一点终于成为人们的常识，买股票或债券获得利益，购入投资用的公寓收取房租，作为经济行为二者是一样的。想想把不动产证券化后，投入股市的行为 REIT（不动产投资信托）就能理解这点。

主观价值成为问题，主要是针对自用住房，但金融理论并不会区分自用房屋和投资性房产，理论上将自住房屋视为自己将不动产租借给自己。就算对这种想法有所抵触的人，在他们卖掉房子回乡下，或是有些人不幸离婚，分割财产时，也会清楚认识到自用住房的主观价值并不重要，而是其市场价值决定一切。

关于住房，是买房好还是租房有利，人们意见不一。在这里我不想把我的主张强加给别人（关于这一点我在其他书中提过）。拥有自己的房子这一梦想实现后，会带来一时的满足感（幸福感），但最终还是会回到市场价值上去。

金融资本与金融资产

如果要积累金融资产，怎样调配资金，将资金投放何处是很重要的。 如果没有本金的话， 既不能赌博也不能投资。
当然， 这些本金既可以是自己活期存款的钱， 也可以是股票
的信用交易贷款。 大部分人购买房屋的资金都是从住宅贷款
等大额借款里调配的， 从资产运用理论来说， 这是与股票的
信用交易完全一样的经济行为。

资本投资中的资金调配非常重要， 但比它更重要的是怎
么运作调配后的资本产生财富。 将投资对象罗列出来就是资
产， 大致分为股票、 债券、 活期存款和不动产。

在这里很重要的一点就是， 在效率性的市场上， 风险和
回报的比例 （风险调整后的回报率） 是相同的。 资产的种类
无优劣之分。 如果 "买房 （不动产） 是最好的资产运用"，
这世界上就没有买股票的人了。 日本整个国家会拼命地诱导
全国上下的官员和民众把自己的金融资产从活期存款里拿出
来进行股票投资，"金融专家" 所倡导的股票投资如果总能获
利的话， 那就没有人把钱存到毫无利息的银行了。

从私人投资家到养老金基金、 保险公司的机构投资家，
以及对冲基金的投资家， 这些金融市场的参与者各自按照自
身可承受的风险范围和目标回报 （大部分） 进行合理的经济
投资。

投资的关键与投资哪一类金融和不动产无关， 而要根据
一段时间后保有资产的市场价值 （以及之前所获得的利息和
分红的总额度） 来判断， 除此以外没有其他评价标准。 总的
来说，"风险相同的情况下， 赚钱的投资就是好的投资"（和

赌博一样，"虽然会有损失，但这是有意义的投资"这一点原理上是说不通的）。

为了增加我们的收入，资金配置和资产运用都很重要，原本应该写作"金融资本 = 资产"，但这会让人感到有些复杂。对于个人的人生来说重要的不是本金的准备，而是投资、运用的结果，这就是将"金融资产"，而不是"金融资本"简化的理由。

人力资本与社会资本

投资者会将自己的金融资本投入金融市场（规避风险）而获得财富（虽然也会经常蒙受损失）。同样，所谓人力资本就是将自己的劳动力"投资"到劳动市场，获得收入和报酬等"财富"，而所谓社会资本是指与从与周围人的关系性中得到"财富"。

对比二者可知，人力资本与金融资本很相似，但灵活运用人力资本，或者说从"工作"中所得到的东西却不能全部还原成金钱。在现代社会中，通过工作"实现自我"才是幸福的条件，这在后面的篇章叙述。

谈到社会资本，从共同体（关系纽带）中能获得爱情或友情这样的"财富"，这点众所共知，但将其换算成市场价值（金钱）原则上是不可能的。在"评价经济社会"的讨论中，人们试图把 SNS 或网络上的影响力数值化，但是要适用于社会是非常困难的。

财产不像股票、债券、不动产那样拥有"实体"，因而不能一一罗列。另一方面，"产生财富的力量"，即从资本这一侧面来说，极为重要。因此，人们才不使用"人力资产""社会资产"，而使用"资本"。但是，我们"投资"人力资本和社会资本，并从中获得"财富"即资产的做法和运作金融是一样的。

图2所表示的是"金融资本""人力资本""社会资本"作为资产来运用，将从中产生的利润进行再投资。人生设计的目的就是将"资金配置"和"资产运用"的循环最佳化，从而创造有效的、最大的"财富＝幸福"。

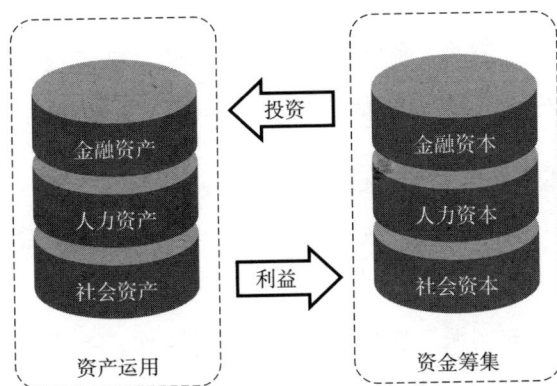

图2

第二章　从"最贫困阶段"入手思考人生

读关于现代日本贫困人群（特别是年轻女性）的纪实作品后，我想起了组成"人生基础"的三种资本/资产。也许有读者会说，"我对贫穷不感冒"。但是，通过具体事例我们能够知道自己生活在怎样的社会，让我们先来看几个与大家息息相关的故事。

现实充实派与贫穷充实派

铃木大介先生是位记者，他在《最贫穷的女人》（幻东舍出版）一书中，就"现实充实派"与"贫穷充实派"进行了论述。

"现实充实派"指的是在一流企业工作，有自己的朋友和恋人，不是在网络中而是在现实生活中过得充实的年轻人。另一方面，"贫穷充实派"指的是年收入在 100 万日元 ~ 150 万日元，收入远低于贫困线的二三线城市中的年轻人。铃木指出，"他们虽然不太有钱，但并不'贫穷'。因为他们每天都过得很充实"。

铃木所介绍的贫穷充实派的人是住在关东地区北部的 28 岁女性，她们开着快要出故障的轻型汽车，去马路旁边的大型商店购买近乎全新的名牌旧衣服，在商场或是家居中心的饮食广场和朋友一起喝茶，用从日元百元店里买来的蔬菜做着"一个硬币（100 日元）的饭"。如果想吃肉，她们会在公园租借烤肉套装，请在肉店工作的高中同学准备两公斤的牛排肉，（和经常在一起的同伴们）每人花 1000 日元吃这样的烤肉。

她们租借的是一个房间（卫生间配备智能马桶、厨房是电磁炉），房租 32000 日元，生活费平均一个月 15000 日元左右，月收入 10 万日元的打工生活就能勉强维持下去。对她们来说负担重的是汽油费，逢休息日大家会在购物中心的停车场集中，通过平摊汽油费的方式，共乘一辆车去自己想去的地方。跟宫藤官九郎的剧本所拍摄的电视剧《木更津猫眼石》中描述的世界完全一样，他（她）们的生活完全是由朋友之间的关系来维系着的。

大家都是相同的境遇，几乎没有任何贫富差距，就算感到"生活上很辛苦"，自己也不会觉得"贫穷"。不幸和贫穷是相对的，纵然客观因素上比较贫穷，还是有人觉得精神上充实，这也是可以理解的。

而且，对于将来，他们有着现实的想法。因为认为"赶紧和男朋友一起出去工作，不管是生活还是人生都很充实"，所以自然就会早结婚。她们会说，"（近年来）女性到了30岁左右，工资没有任何涨幅，而且年纪越大就越找不到更好的工作，所以应该在没钱有体力的20几岁时生第一个孩子，30岁之前靠'精力'送孩子上小学"。

用人际关系（社会资本）弥补捉襟见肘的收入，这在东南亚等低收入国家很普遍。那里也有些日本的特色，在菲律宾的人们非常重视家族之间的（血缘关系），而在日本的二三线城市，一些不太成功的年轻人会将"朋友"当作社会资本。

二三线城市年轻人的人际关系网络，是以五六个"经常一起聚的同学"为核心形成的圈子，还有一些30人左右的相同年纪的伙伴，再加上师兄弟，大概有100多人。他们喜欢自己的家乡，重视自己的朋友，就是几乎没有任何金融资产或人力资本。他们的"资本"大幅度地倾向于社会资本，所以，属于特定价值观的"友情"和"家乡之情"理所当然比较牢固。

不景气的性

他们既没有正式工作，也不打工，只要拥有足够的社会资本，就能过上充实的人生。虽然这样一穷二白的充实生活极好，但问题是，不是谁都能进入这样的"朋友圈"。

在这群朋友中，"与我合拍"的人是好朋友，"讨厌的"

人被排除在外。这是所有的共同体“社团”通用的法则，正因为不太容易加入（经常是心照不宣），所以内部团结得非常紧凑。

但是，这不能避免出现一些不属于任何一帮朋友群体的阶层。这之前的霸凌变成社会问题而不能杜绝也是由人的本性所造成的。

“地方”①是一个有着一定人际关系的世界，一旦被一帮朋友排斥，就不会再有快乐。从学校毕业（或者退学）后到东京、大阪这样的大城市工作，这时候如果没有充分的金融资产或人力资本（因为社会资本都留在了地方），就算聚齐你的所有，也基本上达不到拥有“资本”的状态。铃木把这种状态定义为“贫穷”。

以前人们认为在经济大国日本，年轻的女性与贫穷无缘。“年轻”本身就是市场价值，只要你愿意，就能通过“肉体交易”或“色情”将人力资本现金化。新闻记者中村淳彦氏在《日本的风俗②女》（新潮新书）一书中提到，以2000年左右为界，色情业发生了巨大的变动。

另外，因为少子化、高龄化和价值观的多样化（男人的女性化），色情市场紧缩。此外，女性方面对“卖身”的抗拒性减小，愿意从事色情行业的女性剧增。

由于需求减少、供给增加，根据市场原理，价格自然会

---

① 日语中的“地方”指相对于东京、京都等大城市而言的小地方。

② 日语中的“风俗”一词可理解为汉语中的“色情”。

回落，这令"性行为不景气化"。以前月收入超过 100 万日元的色情女不算稀奇，如今只有一部分经常被指名的色情女才能月赚百万，而在地方的色情店就算每周出勤 4 天，月收入也只有 20 万日元上下，这与便利店和居酒屋的店员的收入相差无几。

对于挣扎在贫困线上的女性来说，更严峻的是，经济的恶化导致色情行业在减少雇用新员工。如今的现状是，有 10 个人应聘，被录取的只有三四人。日本社会（恐怕）首次迎来了人类历史上年轻女性想卖身却卖不出去的时代。

这些几乎没有任何金融资产和社会资本，从地方来城市的年轻女性中，出现了不能利用性行为这一仅有的"人力资源"换取收益的阶层。

就连处于最底层的色情业也不理睬她们，她们只有通过网络自己寻找客户，或者只能站在路边。但这与丰厚的收入相差甚远，由于不能按时缴纳房租，她们被赶出公寓，不得不夜宿网吧，也就出现了"最贫困的女子"。

在色情业工作的高学历女大学生

色情女的大量供给造成最贫困的女子出现，中村在《日本的风俗女》一书中列举了许多令人震惊的事例。

某女，庆应义塾大学毕业后，在某上市公司就职。但她大学期间从二年级开始直到大四毕业，一直在吉原的色情洗浴中心从事卖淫工作。还有在福原的色情洗浴中心工作的神户大学法学系三年级学生，以及提供上门性服务的千叶大学在读女性研究生。

她们的共同之处是出身于小地方、家境贫穷，最初也是通过当家庭教师或补习学校的老师挣取生活费，但后来意识到这种兼职与学业矛盾，只好"转型"从事能在短时间内赚取高收入的色情业。田中指出，现在对于地方出身的女大学生来说，色情业是她们的主要收入来源。如果将条件限定为"容貌和身材姣好，且带有些许羞涩的地方出身的单身女性"、"家里邮寄的生活费比平均少"，那么这类女大学生三人中有一个人从事色情业的工作也并非不可思议。

风俗行业受到女大学生欢迎的原因包括：靠实力说话的工资体系和灵活的弹性工作制。客人越多收入就越多，而且可以自己安排上下班时间、工作时长、工作还是休息等。这是全球化标准中最先进的工作方式，对于那些不能适应日本传统工作习惯，不能无偿加班、为公司无私奉献的年轻人来说，这无疑是很有魅力的。

在《日本的风俗女》一书中，还介绍了另外一件让人惊奇的事情，风俗女们对未来都有着充实的设计。

在东京新大久保的卖淫店工作的 33 岁女性，拥有认证护理工作者（Certified Care Worker）的资质，据说再积累两年的工作经验，她就能取得护理经理（Care managers）的考试资格。在养老保健机构担任主任一职的 35 岁女性，在育儿假期期间，觉得时间宝贵，于是 AV 出道。此外，在大阪难波的 SM 俱乐部中，9 名"女王陛下"在从事看护工作。她们想的是等到年龄上不允许从事"性"服务时，那就再回到看护工作。

在色情业里，从事看护工作人员居多是因为看护行业的工资低，仅仅靠拿工资是不能生活下去的。此外，最大的原因是工作性质比较相似，在她们看来，从事看护工作时，向老年人提供的服务如果扩展到一般男性，就变成了色情服务。

过去卖身对于女性来说是最后的安全网，而如今看护业，对于不能在色情业立足的女性来说反倒成了一道安全网。

通向贫困的"三大障碍"

对于年轻女性来说，色情业已成为最顺理成章的职业选择之一，作为"职业人"，其要求自然严格。在过去，色情业是那些无法适应社会者的生存之地。而如今，"不守时""不守约""无法进行自我管理"这类欠缺社会基本常识的色情女首先会被解雇。

为了抓住客户，她们不仅得有技巧，良好的沟通交流能力也很重要。为了能与各种男性进行平等的对话，她们还需要学习从社会问题，政治经济、法律、国际问题，到电影、电视、体育、动画片、搞笑类节目等多方面的知识。据说色情女想取得成功，需要具有与工薪阶层同等甚至更高的职业意识。在受欢迎的色情店里争先恐后想拿到第一的色情女们既漂亮，又聪明，还有超强的沟通能力，据说能力上不亚于在一流企业工作的员工。

如今的色情女们也都暴露在世俗的偏见下，另一方面，冲向 AV 制片公司的应聘者络绎不绝，能晒出自己名字的 AV 单片女演员与巨乳女星、赛车皇后一样，是（一部分）女性所憧憬的职业。在风俗店与对手们竞争并脱颖而出，得到指名成为很大的动力，这不仅在收入上有利，也能满足她们实现自我价值和得到认可的欲望。

但是另一方面，还有就连色情业也无法踏足的"最贫困女性"。

她们为什么坠入到贫困世界呢？据采访过很多最贫困女性的铃木大介介绍，她们存在"三大障碍"，即精神障碍、发展障碍和智力障碍。这是现代社会最大的禁忌，从正面报道这一切，才能让人们对"最贫穷女性"产生中肯的评价。

例如，铃木采访的 29 岁女性，从小被父母虐待，小学五年级被送到儿童福利院后遭受到了极其严重的欺凌，21 岁因为"奉子成婚"生下了两个孩子，而这次又因无法忍受丈夫的残酷虐待，带着孩子离家出走。自己准备在色情店工作养家，可去面试完后，却被嫌弃道："你去做了整容和减肥手术再来。"回家路上在厕所割腕自尽未遂。如今在网上寻找客户卖身，母子三人总算能勉强维持生活，但因为水电燃气和房租滞纳，一度被逼得走投无路。

看到这里，大家可能会想，这么悲惨，去申请生活保护费不行吗？但她们读不了难懂的文章，就算跟她们说明内容，她们也无法理解，就连申请手续也完全不懂，无法申请（所以也没办法借高利贷）。她们害怕孩子被儿童福利院"夺走"，希望能带着孩子再婚。而且，坚决拒绝生活保护也是因为她们认为这会给再婚带来麻烦。

此外，自称28岁的"最贫困女性"，体重80公斤、画着奇怪的妆容、穿着超短的罗塔莉裙，出现在铃木面前时，比约定时间晚了40分钟。她的收入来源是一种叫上门援助交际的廉价上门卖身服务。她们要以比东京都内的业界默认的最低2万元还要低得多的12000日元的价格才能抓住客人，而且也因为自己经常无故缺勤，所以几乎没有什么回头客。即使如此，她们还是受到业界的雇用，这是因为她们不挑顾客，其他色情女非常讨厌的顾客她们也不排斥。因为她是没问题的"小霍克"（指的是漫画《七大罪》中出场的处理剩饭的猪）。

在这种绝对的现实面前，"应该怪社会还是怪自己"之类的议论已经毫无意义。

"最贫困女性"失去了社会资本，是因为（即便她们有着不幸的人生）"三大障碍"让她们认为人际交往是一件麻烦事。这也是为什么她们被自己地方上的朋友排斥在群体之外的原因。

同样，慈善事务所的人也为有着"三大障碍"的咨询者们提供公共服务而感到麻烦。其结果是，即使找到了离家出走的少女们，也只能和她们的家人联系或是交给地方上的福利院，这种千篇一律的处理方式，导致离家出走的少女们开始逃避公共服务。

这些"最贫困女性"没有金融资产、人力资本和社会资本，她们的生活毫无出路，只能在大城市流离失所。她们的安全网不是慈善团体或是 NGO 带来的，而是黑社会、掮客、色情行业所提供的。因为这部分人为了榨取她们，必须帮助她们。

第三章　人生的八种类型

　　贫穷充实派和最贫困女性都没有任何金融资产和人力资本，将她们区分开来的是社会资本。

　　刚才提到的人们是通过"运用"金融资本、人力资本和社会资本来获得财富。金融资本是财产（包含不动产）；人力资本是人们工作，并且拥有挣钱的能力；社会资本是家人或者朋友圈。这三种资本 / 资产总计超过一定值后，人就不会意识到自己是贫困的。反过来说，失去这一切，人就处于"最贫困"状态。

　　贫穷充实的典型就是住在地方上的年轻人（普通年轻人）。收入在贫困线以下没有存款，却有很多朋友（图3）。

　　但是，如果因为某些原因被"朋友们"排挤，那么三种资本 / 资产就会完全失去，陷入"贫困"状态（图4）。

　　还有一部分年轻人，他们没有任何金融资产，但从事高收入工作，有朋友有恋人，既有人力资本，又有社会资本，这部分人被称为现实充实派（图5）。

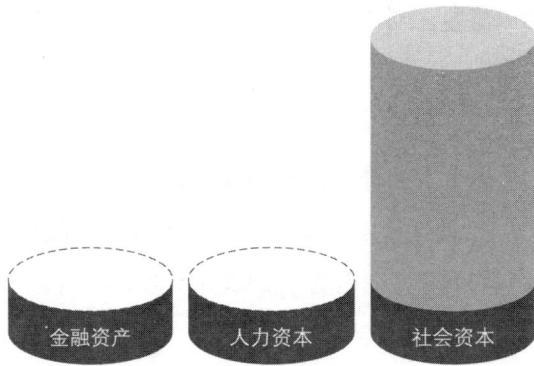

图 3 贫穷充实派

图 4 贫困派

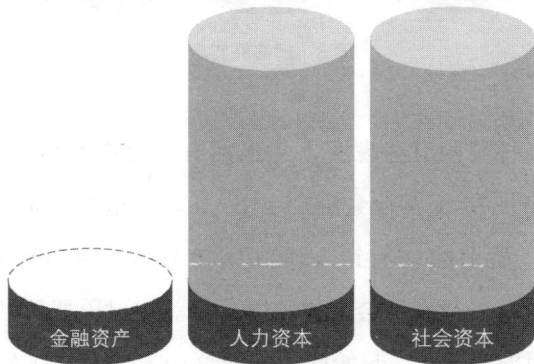

图 5 现实充实派

这样一整理，对于人生中金融资产、人力资本和社会资本的关系我们就一清二楚了。同样，其他的类型我们也能将其可视化。

首先是拥有人们都很羡慕的金融资产、人力资本和社会资本的人。也许这种设定有些虚幻，但这样的人生是极度充实的，那我们就将其命名为"超级充实派"吧（图6）。

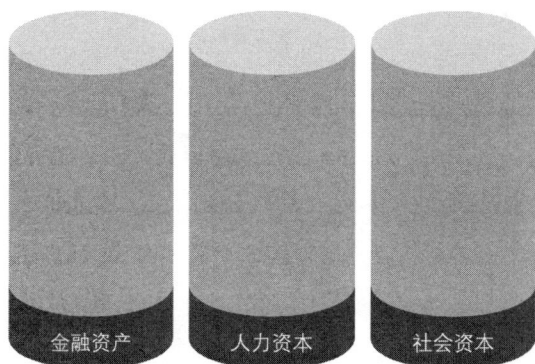

图6 超级充实派

第二种稍微有些现实，指虽然有人力资本和金融资产，但是没有朋友（无社会资产）的类型。这类人是"富豪"的典型。所谓的"有钱人孤独""有钱人只和有钱人来往"的这类人，一旦在社会上成功以后，就很讨厌那种以金钱和权力为目的而聚到一起的群体。这样的人有人力资本（好的工作）和金融资产（充足的财产），就算抛开让人烦恼的人际关系（与亲戚和朋友的交往）他们也无所谓。这种类型的典型人群是投资家和商人，我认识很多这样的人（图7）。

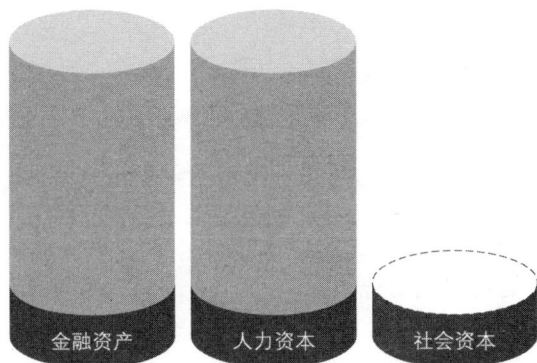

图7 富豪（投资家/商人）

相反，有些人有金融资产和社会资本，却没有人力资本（没有工作）。在大家印象中，他们是非常大方、挥金如土的人，深受人们欢迎，我们就姑且叫他们"施主"吧（图8）。

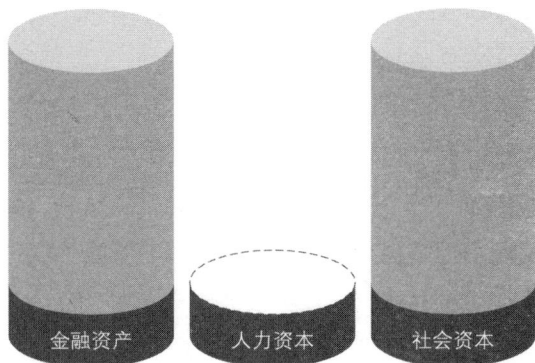

图8 施主

将"现实充实派""富豪""施主"排列到一起,就算当不了"超级充实派",只要有两种资本,都可以充实地生活下去。

这也可以作为"人生的成功故事"读一下。年轻的时候通过"现实充实"努力一下,成功就变成了"富豪"(工作变得繁忙),与过去的朋友渐渐疏远,成了退隐后将资产还给社会的"施主",得到大家的仰慕。

最后是与"贫穷充实派"一样的,只拥有资本/资产中的某一种类型。

仅仅有金融资产,而没有人力资本和社会资本的是典型的(独身)退休人员。其金融资产的大部分以"养老金"的形式由国家掌管进行投资。随着日本社会高龄化的推进,"养老金不安定因素"成为重大的政治课题,这从图9可以看出。

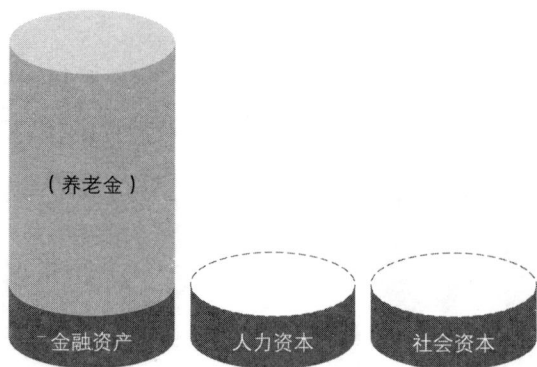

（养老金）

金融资产　　人力资本　　社会资本

图9　退休人员

　　拥有人力资本，却没有金融资产和社会资本的年轻人，近年来被称为"单身充实派"。他们对于结婚生子毫无兴趣，挣的钱多用于自己的兴趣爱好，有异性朋友，但不是恋人关系（图10）。

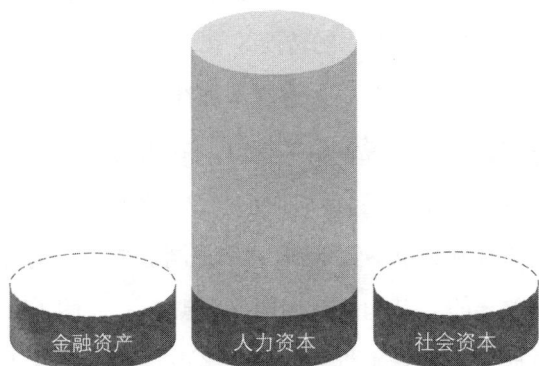

图10　单身充实派

　　还有这样一部分人，他们已经不再是年轻人。典型的就是"在外奋斗的个体私营者"，尽管他们有人力资本，但在事业尚未步入正轨之前，他们是无法储存金融资本的。个体私营者缺乏社会资本（朋友）是因为他们的生活圈子与一般的工薪阶层完全不同。如果他们的生活规律是"周六日工作周三休息""从下午开始工作，回到家中已经深夜"，参加不了学生时代的朋友聚会，早晚都会切断自己的朋友关系。

制造幸福的装置

通过上面的总结，我们从输入和输出两方面来思考幸福。原型非常简单，就是我们拥有"制造幸福的装置"，将某种刺激输入装置里，然后通过某种机制将其转换成幸福输出。

这时候，决定幸福大小的因素就只有两方面：输入的量（或质）和"制造装置"的转换效率。

输入的是金融资产、人力资本和社会资本。我们会按照顺序来说明，并不是说量越多越好，在人力资本和社会资本中质比量重要。更有甚者，即便是输入童谣，有人会感到幸福，而有人却什么也感觉不到，"幸福制造装置"的转换效率是有个体差异的，其构造就如同一个黑匣子（图11）。比如突然一夜成名，获得了世人皆知的名声，也就是输入了过多的社会资本，反而会阻碍幸福的到来。

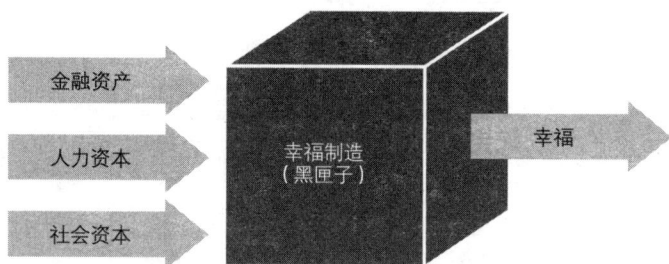

图 11 幸福制造装置

但是，即使如此，有一件事情毋庸置疑，那就是如果输入是零，幸福的输出也肯定是零。"退休人员"的金融资产被骗走，除了人力资本，其他一无所有的"自我充实派"失业，只拥有社会资本的"贫穷充实派"失去朋友等等。这些都是"主人公落魄的人生"中经常出现的故事，他们的不幸是因为丢失了输入到幸福装置里的东西。

从这件事中，我们能看出如果只有一种资本，那么只因为一点点小事就让我们陷入贫困或孤独境地的概率很高。如果我们拥有两种资本，人生的安定感就会增强。只是同时拥有三种资本／资产，成为"超级充实派"恐怕不太可能。因为金钱与作为其共同体的道德是对立的，关于这点将在后面叙述。

如果我们通过"金融资产""人力资本""社会资本"这三种资本／资产来把握人生，就能在某种程度上给予幸福一定的形式，并让我们想到现实性的策略。这就是本书的基本观点。

我们从下一章开始，将在作为人生基础的三种资本／资产的基础上具体探究"幸福黑匣子"的谜团。

第二部分

金融资产保障自由

第四章　金钱与幸福的关系

在思考金融资产之时，最重要的是"经济独立"，我以前也曾谈及这一点（参看《打开黄金之门的贤者海外投资术》讲谈社）。谈到经济独立，我想不出比这更好的例子，因此引用书上的一个故事。

天空湛蓝清澈，清风夹杂着几分湿气。小船上轰隆隆的发动机声终于停下来，周围寂静一片。像被白色的面纱包裹的太阳不耐烦地照射着午后炎热的世界。一眼望去，土黄色的湖面开阔平静，可以看到远处有几艘渔船。我和两个柬埔寨青年被留在一望无际的湖面中央。

洞里萨湖是东南亚最大的湖，距离因吴哥窟而闻名的暹粒市大约一小时的车程。在没听导游的说明之前，我都以为那片空旷的水面是大海。一场漫无目的的旅行让我来到柬埔寨，出租车司机摇身变成导游，带我来到埠头，于是我坐上了一直闲置着的观光船。

皮肤晒成古铜色的即将满 23 岁的年轻人是掌舵手兼导游，停下船后，他开始用不太流利的英语跟我讲述这片湖水的传说。但是，比起聆听美丽舞女的离奇命运，我更被这里美妙的湖光山色所吸引。不知道从哪儿跑来一群光着上半身的孩子，他们坐在金属盆里，就像一寸法师一样，操纵着一根船桨划向我们这里。

最先划到我们面前的是一个五岁的瘦弱男孩，金属盆刚一靠近我们船边，他就伸出瘦骨嶙峋的手："给我钱！"

不久，我的周围聚集了越来越多的金属盆，小男孩和小女孩们都张开双手，一边摇着船，一边大声地喊："给我钱！"年轻的导游沉默地看着这一切，对着有些困惑的我耸耸肩，说道："这些孩子是越南人。"然后，脸上浮现出一丝与此时此景不融洽的爽朗笑容。"越南人在这座湖里捕鱼，生活过得很好。不用施舍钱给他们。"

气氛有些尴尬，出现了长时间的沉默。然后，他再次启动船上的引擎，把金属盆远远地甩在后面。这时年轻人突然开口道出了原委，

"大家都去世了。"

他的父亲是英语教师，在强制劳动收容所里被处以了死刑。兄弟饿死，剩下母亲和自己相依为命，而母亲也在他 10 岁的时候病死了。这以后他无人依靠，一直孤苦伶仃地生活着。总算是找到一个舵手的工作，一天下来，

只能挣到几百日元。把这些钱存起来学习英语是为了得到自由。自己除了往来于贫穷的家和湖泊之间，对于这个世界一无所知。这是他的故事。

离开之际，我给了他一些钱。我也不是很同情他身上所发生的事情，因为波尔布特从越南战争结束后的1975年开始，统治了柬埔寨4年，在这个23岁的年轻人出生之前大屠杀就已经结束了。

但是，即使他说的都是假话，他话语里的某些东西还是触动了我的内心。

人有时候会在意想不到的地方学到重要的东西。

我们很自然地享受着自由的人生。但是，它的辉煌像傍晚时分的彩虹一样转瞬即逝。当我们失去目前所拥有的一切时，还会自由吗？

我是愚钝的人，一直没注意到这种理应如此的事情。就连为游客开船的柬埔寨年轻人都明白的道理，我却一直没意识到。

他一直对我重复地说道："没有钱，就没有自由。"

"市场原理主义者"的疑问

所谓"自由"，是"不会隶属于任何人任何物的状态"，所以它一定要满足某种条件。这种条件，说穿了就是"金钱"。

"自由"，如果从经济意义上来定义的话，就是"不依赖国家、社会、家人，拥有充足的资产能自由生活"。这是"经济独立（Financial Independence）"。

我知道有人讨厌把这种想法称作"市场原理主义"或"新自由主义"。在国会议事堂前进行示威游行，高喊"守护民主主义"的人中，有很多是20世纪70年代参加过"反安保"学生运动，出生在当时生育高峰期的一代人。

他们大多数已经到了70岁左右，靠养老金过着退休生活。另一方面，大家都意识到，因为长期的经济不景气、少子化和老龄化，社会保障的财政来源处于危机状况。

如果法律改变，政府说，"日本已经无力支付所有国民的养老金了。大家在国会前面高呼'日本万岁'就能盖一个章。今后，养老金只支付给拿有印章的爱国人士。"这样的话，那些以国家的养老金为唯一收入来源，以高喊"守护民主主义"为乐趣的人们今后又会怎么办呢？

当然，这其中也会有拒绝接受被国家权力污染的金钱，就算变成身无分文的流浪汉也抵抗到底的人。他们确实值得称赞，但是，如果你过了70岁、80岁，还能这样吗？

这就是"市场原理主义者"的提问。而且，这并不是很奇特的设想。

在记者的世界里，以前"表达自由"被认为是天经地义的。但在某个国营电视台，新领导上任时说："政府说

'右'，我们不能说 '左'"。 于是，节目的制作方针大幅发生变化。 尽管这样，也从没听说发生过 "记者们" 大批辞职以示抗议的事。

大家不要误解，我不是批判他们的选择，这对于靠公司生活的工薪一族来说是理所当然的。 只不过，那不应该称为"自由"。

同样的事例，大型电机厂家为了粉饰决算，做假账，大型汽车厂家使用虚假燃油费数据来销售汽车，这样的例子不胜枚举。 很明显，如果每件事都曝光出来，相关人员都能有所警惕，就有机会阻止企业误入歧途。 那么，为什么公司职员看到了却假装没看到呢？ 那是因为他们把自己的人生都托付给了公司。 当然，这不是日本特有的，德国的大众汽车为逃避美国排气规则的限制，不断地恶意重复不正当手段，世界各国都有这种现象。

我们的人生在各个方面都面临着同样残酷的选择。 于是很多时候，毫无 "自由" 可选，不得不选择 "隶属" 的关系。 因为，我们经济上不能独立，必须依存国家、公司或者丈夫（家）而生活。

谁都能成为百万富翁的残酷时代

第一次把经济独立的思考方式教给日本人的是投资家阿尔·塔加特·墨菲和埃里克·加瓦所著的《日本富裕你贫穷，

为什么？》（每日新闻社 1999 年 3 月）。

这之前，我一直单纯地认为自由是主观性的（内心的）问题。"没有金钱就没有自由"这种彻底的现实主义很让我震惊。那么，平凡普通的工薪族要达到经济独立、自由生存该何去何从，我曾在拙作《垃圾投资家的人生设计入门》（媒体工作 1999 年 11 月 / 之后改名为《世界上只有一种 "黄金的人生设计"》讲谈社）中进行过论述。

之后，由罗伯特·清崎所著的畅销书《富爸爸穷爸爸》（筑摩书房，2000 年）使经济独立和自由的关系广为日本人所知。虽然这样，但遗憾的是真正付诸实践的人好像并不多。人们会放弃，说 "那是不可能的"，但真是这样吗？

在我为未来的人生而烦恼时，对我产生巨大影响的是托马斯·吉·斯坦林和威廉姆·迪·丹古所著的《隔壁的亿万富翁》（早川书房，1997 年）。

原纽约州立大学教授斯坦林和朋友丹古一起，在 20 世纪 70 年代以美国本土的亿万富翁为对象进行了大规模的调查，他们发现跟一般人的常识不同，有钱人没有住在高级住宅区的豪宅里，而是住在普通民众周围。

斯坦林和丹古见到的富翁往往穿着便宜的西装，开省油而结实的汽车，周围谁都不会注意到他们是亿万富翁。并且，他们中的大多数并非出生在富裕的家庭，有着普通的父母或出生于贫困阶层。

美国的统治阶层 WASP（白人·盎格鲁 – 撒克逊人·新教

徒）中亿万富翁的绝对数量最多，但从人口比例来看该阶层
只排名第四。从出生国来看，亿万富翁人数最多的依次是从
俄罗斯、苏格兰、匈牙利过去的移民，大多数是第一代。这
表示处于社会底层、被歧视的人成为亿万富翁的概率比较高。
出生在富人家庭的公子哥儿和小姐们，只需要继承遗产就够
了，而被虐待的人们为了向上爬必须节约。

　　说到这里，有人可能会想，"这些不过都是些大道理而
已"。因此，斯坦林给出了具体建议："如果能拿出收入的
10%～15%存入银行坚持节俭生活的话，那谁都可以成为亿
万富翁。"正确来说，需要"平均年收入两倍的收入"，如果
夫妻双方都工作就能达成。

　　我们假设日本大学毕业生工作一生的平均总收入为3亿~
4亿日元，夫妻双方都工作的话，假设终生收入为6亿日元。
如果将其中的15%用来存款，那就是9000万日元。假设存
款率是10%（6000万日元），按年利率3%计算，那么退休
时的资产应该会超过1亿日元。

　　从这件事可以看出，一个人好不容易进入职场却因结婚、
生子等原因成为专职家庭主妇，这在经济上是多么不明智的
选择啊。抛弃能换取3亿日元终身收入的人力资本（在劳动
市场上获取财富的能力），而买一张不可能中的彩票（中一
等奖的概率远低于交通事故的死亡率），真不知道他们在做
什么。

　　在欧美或日本这样富足的社会，纵然没有什么特别的才

能，只要勤奋、节俭、共同工作，谁都能成为亿万富翁，抵达经济独立的终点。乍一看，这很美好，但也很残酷。如果仅凭努力就能成为有钱人，那么贫穷就不是由社会制度的矛盾和新自由主义的阴谋导致的，而是个体自身的原因。

工薪族一生缴纳"税金"高达一亿日元

当然，你一定对这样的说法感到不满意吧？一直勤奋工作、厉行节俭不见得会给我们带来幸福的人生，纵使你在65岁的时候当上了百万富翁，剩下的人生也不太长了（就算平均寿命延长，你能自由活动的健康寿命也是有限的）。很多人认为，与其痛苦地工作获得高收入，不如做自己喜欢的工作，快乐地生活。50岁之前（或者更早）实现经济独立。

问题是工薪族的工资体系在于，百万富翁的梦想（即便能够实现）要等到领取退休金那天才能实现。为了能够早日实现经济独立，必须在某个地方"抄近路"。于是，诞生了拙作《富豪的黄金羽毛拾得方式》（幻冬舍2002年／2014年新版）。

税务师和会计师们会说，"日本真正有钱的是成功的个体私营主或中小企业的老板"，但谁都不跟我们说明理由。于是，我试着成立了一家小型法人公司（相当于个体私营主的法人代表），没想到这让我知道了另外一个令人震惊的事实。那就是，即使收入相同，个体经营者和工薪阶层拿到手里的钱（可自行支配的收入）完全不同。而这些都是完全合法的。

"个人"和"法人"两种不同身份之间为什么会有那么大的制度差异呢？（这在工薪族看来是不能接受的。）从"二战"后日本的政治来看，地方的商店老板和中小企业主成为政治家后援会的核心成员，他们的地位超过了三等邮局（旧时的小邮局）、农协、医师会，成为重要的选票基地。为他们提供方便，对于自民党、公明党、共产党等所有政党的政客而言都是关系到存亡的大问题。因此，不管他们收入或资产有多少，个体私营主和中小企业全都作为"社会弱势群体"受到优待。

说"日本的所得税率低于其他国家"，事实确实如此。实际上，这个计算中不包含养老金、工会健康保险等社会保险金，因为理论上讲，不同于税金，养老金和保险金是"自己的"而不是"公家的"。但财政学却将这部分资金视为"社会保险税"。日本社会的保障制度中，企业征收的社会保险金被用来大规模填补国民退休金或老人医疗费的赤字，从而在实质上变成了"税金"。

具体计算方式此处省略，平均年收入600万日元（月收入35万日元，奖金按5个月的工资计算）的工薪族，他们每年要向日本政府缴纳所得税、居民税、社会保险金共计

114 万日元（实际税务负担率 [①]19%）。

这笔钱的金额相当大，但实际上远不止于此。企业负担一半社会保险金，但企业这样做并不是在免费做公益，这部分钱其实全部出自员工的工资，只是表面看起来像是减轻了员工负担而已。将这部分钱也算作员工负担的话，则年收入600 万日元（加上公司缴纳的社会保险金后实际年收入为 686万日元）的工薪族每年要缴纳总额约 173 万日元的社会保障金，再加上所得税、居民税，员工要实际负担约 200 万日元的税务，实际税务负担率接近 30%。

税金和社会保险金自动从员工的工资中被扣除。前文谈到，大学毕业生的终身收入按 3 亿~4 亿日元计算，如果实际税务负担率按 30% 计算，那么一名职员一生需要向日本政府缴纳税金约 1 亿日元。人们常说 "房子是最大的支出"，殊不知向国家缴纳的巨额 "贡品" 远超房子。

但是，如果分开使用 "个人" 与 "法人" 两种身份，就会合法地大幅度减轻这种税务负担。这就是成功的私营主和中小企业老板迅速暴富的秘密。

金钱多了也不幸福？

关于金钱和幸福的关系，我们必须要接触一下 "边际效用递减"。这是经济学中的基本原理，不算深奥。

----

① 所负担税务总额与收入总额之比。

大家都知道，对于喜欢喝酒的人来说，炎热的夏天，再也没有比经过喉咙喝到肚子里的第一口生啤更美味的东西了。但是，这种美味的感觉在喝了第二杯、第三杯以后，就会渐渐消失。最后变成只是依赖惯性在喝酒。

我们把啤酒的美味称为"效应"。伴随啤酒数量按某种单位（从第一口到第二口，从第一杯到第二杯）增加，其效用所发生的变化就是"边际效用"。喝的啤酒越多，从中体会到的美味感越少，这种现象就是边际效用递减。

边际效用递减是一种普遍性的人类心理现象，它既适用于令人开心的事物，也适用于令人悲伤的事物。除了啤酒，该法则也基本适用于一切其他事物，当然金钱也不例外。

月薪 10 万日元的人，如果别人对他说，"下个月的工资给你增加 1 万日元，涨到 11 万日元"，那他一定很高兴。相反，月薪 100 万日元的人你给他涨（一个单位）到 101 万日元，他可能不会很在意。

那么，金钱的边际效应是怎样递减的呢？当然，每个人都不一样，比如美国年收入 75000 美元，在日本如果年收入超过 800 万日元，幸福度就不会再上升。耐人寻味的是，美国和日本在幸福的极限金额上几乎相同（图 12）。

不过，为避免大家误会，先声明，我并不是在说，"幸福不幸福与金钱无关"。相反，"有钱是幸福生活的确切保证和方式"。

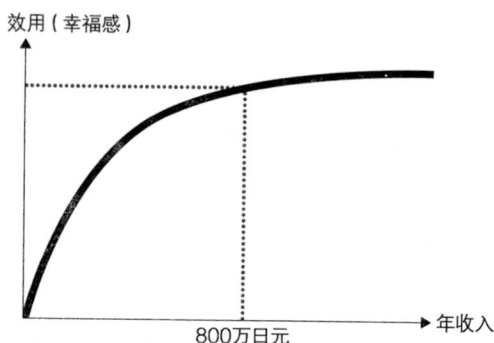

効用（幸福感）

年收入

800万日元

图 12

800 万日元大概是一个人的年收入，一家人的年收入（妻子为专职家庭主妇的家庭就是丈夫的年收入）超过 1500 万日元的话，金钱的边际效应就会接近零。

近年来，关于幸福的各种统计调查比较盛行，由此人们可以清楚地发现，金钱降低了幸福感。但这并不是说"有钱就不幸福了"，而是"太过于在乎钱，反而不幸福"。

总是思考金钱问题的是哪些人群呢？也许你想到的是股份公司或外汇投资公司的公司职员、华尔街的金融人士、初创公司的经营者，但真实情况却是穷人们。他们发愁的是，怎么支付这个月的房租、孩子的学杂费、伙食费、电费、煤气费和税费，或今晚的餐费如何支付的问题。这让他们的幸福指数大大降低。

像这样考虑的话，我们就能知道，为什么家庭年收入 1500 万日元（人均年收入 800 万日元）的人其边际效用接近零。

　　给予孩子充分的教育，一年一次家庭旅游，每月一次夫妇外出就餐，如果这是一般人的幸福标准，那对于家庭年收入1500万日元（人均年收入800万日元）的人来说，要实现这种幸福基本不用考虑金钱因素（使用信用卡支付生活费的话，第二个月还款时也无需确认银行账户中的余额是否充足）。

　　如果越过这个坎，就算增加孩子的课外班，将家庭旅行变成一年两次、外出就餐地选高级的米其林星级餐厅，幸福感也不见得会更大。金钱的边际效用递减就是指当人实现财务自由后，幸福感不会再随着收入的增加而增强。

　　不仅收入，资产也同样适用于边际效用递减法则。存款从10万日元增加到20万日元时，会有一种成就感，但当存款从100万日元增加到110万日元时却没有什么感觉了。

　　有金钱和幸福度方面的问卷调查显示，金融资产达到1亿日元后幸福感将不再随之增加（大竹文雄、白石小百合、筒井善郎编著的《日本的幸福感》日本评论社）。也可以用"太过于在乎钱，反而不幸福"法则来解释这个金额。

　　"老后破产"成了一句流行语，在少子化和老龄化不断加剧的日本，很多人会为退休后的生活感到不安。这已经成为降低日本人幸福感的一大影响因素，但是人们可以通过拥有一定资产来消除这种不安。对于很多人来说"1亿日元资产"足以令其感到（就算日本财政破产，不能足额发放养老金）自己的老年生活是安心的。

从中我们可以得出如下法则。

1. 年收入低于 800 万日元（家庭年收入 1500 万日元）时，幸福感随收入增加而增强。

2. 金融资产低于 1 亿日元时，幸福感随资产增加而增强。

3. 收入和资产超出一定范围后幸福感将不再变化。

当然，世间上也有一些像赌博家或投资银行家这样通过赚钱获得成功 = 实现自我价值的职业，一般来说，对于只不过单纯是电子数据的东西，没必要执着。

世界首富比尔·盖茨早些年就明确说过："能用钱获得的东西不太多，就算为自己的孩子们留下巨额财富，对他们来说也不是好事。"他创立了社会慈善机构。仅次于比尔·盖茨的大富豪、世界上最成功的投资家之一沃伦·巴菲特，决定死后将自己的全部财产捐赠给盖茨的慈善机构。

脸书的 CEO 马克·扎克伯克宣布将自己所持有的市值总额为 450 亿美元股票的 99% 捐赠给慈善事业。他们都是极其聪明的人，意识到与其增加边际效用下降为零的电子数据，还不如将其返还给社会，以此来交换世人对自己的评价 / 名声，获得更大的幸福感。

不过，这并不是说"金钱不能带来幸福"。本书想强调的是，要从进化论、心理学等角度获取幸福非常有难度，提升幸福感最切实的方法还是成为有钱人，实现"经济独立"。

第五章 负利率的世界

关于资产管理在其他地方已经有所论述，此处不再重复说明，我们讲一条更重要的原理：

所有的财富都源自于差异。

在股市交易中，为了获得利益，人们只有低买高卖（如果是信用交易，那就是将高价卖出的股票低价买入）。不过，与自己预计的相反，人们有时候不得不把高价买入的股票低价卖出。虽然所有市场参加者都很努力地想获取利益，但股票市场（短期内）是一种零和博弈，没有人损失就没有人获利。

人们也许认为理应如此，但其实这很不可思议。当几十万、几百万的投资者同时开展这种简单交易时，就产生了复杂的股票市场。

市场是复杂系统

"复杂系统"指通过简单规则自身形成复杂网络。20世纪具有代表性的人物之一本华·曼德博认为，复杂系统才是世界的基本原理。

不仅是股票市场，低成本购入（或低成本制作）高价卖出，从这些简单规则中产生的市场本身也是复杂系统，通过枢纽机场将世界连接起来的航空路线、通过谷歌或雅虎这样的枢纽将世界连接起来的网络，或者我们的人际关系都是复杂系统。甚至大脑神经网络、宇宙的星体分布也都是复杂系统，因此我们周围的世界以及我们自身都是一个个复杂系统（具体请查阅拙作《"不用读的书"之阅读指南》筑摩书房）。

虽然规则简单，但是因为众多参与者（要素）之间相互影响，导致无论使用性能多么好的计算机也无法预测其结果。这是复杂的特征，是股票投资没有必胜法则的原因，也是绝大多数专家（除少数专家外）都不能预测2007年世界金融危机和第二年雷曼事件的原因。

因为所有金融交易都是用数字记录、以电子数据形式储存的，所以伴随着电脑登场金融交易就成了详细分析的对象。20世纪80年代金融理论已经高度成熟，人们使用布莱克－斯科尔斯公式成功计算出理论价格是在1973年，此后40年一直在使用此公式，这反映出人们在金融业务方面的创新非常匮乏。

从金融衍生产品到证券化，被称为"火箭科学家"的物理学博士的研究者转移到华尔街后，不断地开发出新产品，这些理论性的证据就是中学生都知道的概率的正态分布（钟性曲线）。复杂系统的偏态分布（长尾理论）在理论上是无法计算的，没有再继续发展的余地。

懂得了经济独立的"自由思想"以后，我就对金融市场产生兴趣，以海外投资为中心，体验了各种各样的金融交易（最后在芝加哥的期货交易市场中做了金融衍生产品的交易），写了几本书。现在看来，我最初对金融资产的思考是让我走入经济独立的最短距离，与此同时，这也是构成人生基础的三个资本 / 资产中最简单的事物。因为只需增加电脑中的数字就行。

不过，也不是说谁都能在投资上赌一把。就算是世界上最厉害的投资家沃伦·巴菲特也说过，"我成功最大的理由在于对美国股市的长期性成长投资"，要在无法预测的复杂系统（市场）中获得利益，还需要运气。

我开始进行海外投资是在 20 世纪 90 年代后期，最初买的是纳斯达克的 IT 名企（微软和英特尔），之后网络泡沫到来。现在的状况是不仅仅发达国家，全球经济主体都被认为是"长期停滞"状态。21 世纪头 10 年的初期，随着中国经济的急速增长（以及新兴国家的股票市场的暴涨），遭遇到划时代的两大泡沫也真是幸运。

另一方面，金融资产在达到当初的预定金额目标之后，就显示出了边际效用递减的态势，人们慢慢地对投资失去热情。金融市场的特征是理论完成后，就没有更进一步的创新了。虽然人们千方百计地开发各种新产品，但这只不过是重复同样的事物。这就是我认为"资产管理的东西已经写尽"的原因。将来伴随 AI、区块链等技术发展，金融产业会被 IT 产业吸收吗？金融业是否会发生巨大变革？

资本主义是什么

人们依然对"资本主义"究竟是恶是善（也并不认为有意义）议论纷纷，不可思议的是，没有一个经济学家能对资本主义进行真正意义上的定义。维基百科中写道："资本的运作是社会的基本原理，是产生利润和剩余价值的体制。"我不知道这究竟意味着什么。

根据我的理解，资本主义/资本市场是"以股份公司的形式组织起来的复杂系统网络"。

股份公司是一种"众多持股人以有限责任投资的形式分散风险的机制"，大航海时代，商人为避免自己在商船遭风暴或海盗袭击后损失掉全部财产，曾使用这种机制规避风险。

人们都知道，股份公司还有一个特征，那就是通过借款（通过银行融资或者发行债券等方式筹集资金）操纵杠杆。（图 13）。

公司资产负债表　　　　信用交易表

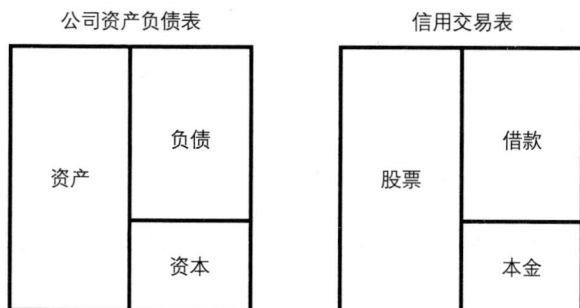

图 13　公司资产负债表与信用交易表

　　有炒股经验的人都知道，在信用交易中，杠杆放大了盈利和亏损的程度。借款的部分与自有资金的金额相同之时（杠杆率两倍），股价如果成倍增加的话，利润会翻四倍，同样，股价成倍跌落的话，亏损也成倍增加，甚至会导致投资资金的全额损失。

　　所谓经济增长通常指市场交易规模的扩大，但仔细思考不难发现，它的原动力是人们"想更富裕""想让家人幸福"这类欲望。这种欲望（目前）没有止境，人口增加、贫穷国家的人们也加入到市场，进行自我增值。

　　近年来的经济史学的成果是，18 世纪后半期的产业革命，人类史上爆发了划时代的市场成长，这是显而易见的。从那以来，虽然也有着世界大战和大恐慌的风波存在，但市场经济一如既往地在扩大。

　　这样的市场经济是"以股份公司的形式组织起来的复杂系统"，股份公司给股东资本（通过银行融资）中加入杠杆作用。股价由股东资本的利润来决定，如果市场经济扩大，那么投资中加入杠杆的那部分也应该会比经济增长率更快地使股价上涨。

言简意赅地说，股份公司平均的杠杆率是两倍，经济年增长率为3%的话，平均股价（和信用交易同样的道理）的年利率就会上涨6%（不包含税的成本）。当然，根据经济状况的好坏，对于投资家来说，景气和不景气的时候都有。但是，如果资本主义的体系是按照人的欲望来进行自我增值的话，通过长期性地投资股票市场，（与经济增长率几乎相同）比起银行存款或债券投资，会获得更多的利润。所以，"好的股票要长期持有"的投资方式是有其道理的。

可是如今，这种利益的自我增值体系已经失灵，原因就是"负利率"。

缩水的金融资产

当然，我并不是主张"负利率是资本主义的完结"。人类发明了代替股份公司的经济体系，只要人们的欲望没有止境，市场经济今后就会扩大，股价也会长期上涨。但问题是，"长期性"的跨度有多大，如同凯恩斯所说："长期来看，我们都会死掉。"

由于人们对特朗普政府的新经济政策（放松管制）抱有期待，总统就任后美国的道琼斯指数（纽约股票市场）创

下了史上最高值。日本股价曾在泡沫经济时期创下最高值
（1989 年 12 月 29 日的 38957 日元），此后近 30 年间股价一直
处于腰斩水平，状态低迷。与这样的日本相比可以看出美国
经济雄厚的基础实力，但同时，下面的事实也需要指出来。

1980 年，纽约股价（最高值）是 964 美元，20 年后的
1999 年达到了当初的 10 倍即 1 万美元。照这个标准，如果
股价继续上涨，2020 年应该会达到 10 万美元。但实际上，
花了 16 年的时间才总算到了 2 万美元。美国股市比进退不前
的日本股市要好很多，但我们不能否认，进入 21 世纪后美国
经济中股价的增长率已经明显下降了。

这种现象被称为"长期停滞"，从利率全球范围内大幅
下降中也能看出来。在低利率环境下，债券价格确实是在上
涨，但谈到投资者为什么买债券，却是因为除了债券没有其
他可投资的对象。

债券市场和股票市场（或者不动产市场、资源市场）是
此消彼长的关系。如果投资者预测股票、不动产、资源价格
上涨，那他们会卖掉债券，积极地把钱用于投资。这样一来
债券价格会下跌，利息会上涨。反过来讲，零利率或负利率
则反映出，投资者判断股票、不动产不具有投资价值。正确
说来，也许也有赚的时候，但如果考虑更多亏损的风险，人
们会得出这样的判断，将金钱放到零利率（确实一点点亏损）
或负利率的债券里也许更好。

这里所说的"投资者"指的并非只是个人投资者，也包

括退休金基金、生命保险公司等机构投资者、投资信托或对冲基金等的专业投资者。而且，这也是支撑人生的基本条件当中，金融资产所占的比重比以前分量更轻的理由。

对冲基金的经理人运用自己极高的知识储备，拥有最好的交易环境和金融技术，并且还能探听到内部消息，他们为了从金融市场中获取财富而赌上自己的人生。如果连他们都是只能买零利率债券，除此之外找不到其他投资对象，那么毫无优势的个人投资者也都无所作为了。

当经济处于上升趋势的时候，个人投资者通过向股票市场长期投资，（时间在有效期内）所获得的利润有可能超过机构投资者。但是，在经济增长率、通货膨胀率、利率全都为零的超低温经济环境里，长期投资完全没有了效果，这时，将银行的普通存款作为"免费的贷款金库"来使用也是比较明智的"投资方法"。

零利息和负利息也意味着金融资产的生财能力降低了。过去的存款利息是年率 5%，如果有一亿日元的存款，那么仅利息收入一年就有 500 万日元，仅凭利息人们退休后就能过得很安稳，可如今再也没有这样的好事了。

金融资产的价值减少，相对来说其他资本的重要度就会增加，因为我们不能期待利息收入，所以，显而易见，与其从金融市场获得财富不如将人力资本投于劳动市场，也许这更为奏效。

关于人力资本，下一章将会进行详细阐述，但这里想强调一下要点：

> 在负利率的环境中，聪明人为实现利润最大化，比起金融资本，他们会更高效地运用人力资本，即"工作"。

如果国家破产，我们怎么办

也许有人会担心，"日本拥有超过 1000 兆日元天文数字般的借款，破产的一天必然会到来。由于超级通货膨胀，日元贬值，货币大概会变成废纸"。最近，美国经济学家克里斯托弗·西姆斯所著的《物价水平的财政理论（ETPL）》，引起世人瞩目，里面提到，"因为日银的金融宽松政策，而没有发生通货膨胀，而后日本政府宣称在通货膨胀发生之前，不会理会财政赤字的扩大化"。如果实施这样的政策，财政赤字会不断膨胀，"国家破产"将会更加带有现实意味。

关于这个问题，2013 年所出版的《关于应对日本国家破产的资产保护指南》（钻石社）里写过，我的见解和那时一样，毫无变化。

本书就日本的未来从三个方面进行探讨：①乐观剧本（安倍经济学让日本经济大复活），②悲观剧本（与现在一样，通货膨胀，今后还将持续），③破灭剧本（财政破产，引起经济大混乱）。由于将近四年的日银金融宽松政策，物价也没有上涨，安倍经济学还是无力带来良好的经济环境。于是，只剩下"悲观剧本"和"破灭剧本"，也可以说情况就简单了。

具体论述大家可以查阅我写的书。从结论来说，"通过负利率的运作来获得巨大的利润非常困难，所以把金融资产分散到普通存款、美元和欧元等外币存款较好。"这是因为外币的价值是相对的，日元下跌，美元（欧元）就会上涨，美元（欧元）下跌，日元就会上涨。所有的外币不会一齐下跌，适当的将资产进行国际性分散投资，就算日币成为废纸、美元经济崩溃，整体的资产价值也不会受到影响。

也许有人还认为，以市场经济的长期性扩大为前提，将金融资产投资到股票市场也是有利的。对于这样的人们，考虑到甄选投资对象的费用和效果，我劝大家对东京证券交易所的"上市指数世界股份（1554）进行慢慢投资"。以日元为基准的 ETF，投资对象（除了日本股票以外）可以是世界各国的股票，能避免将风险集中在特定的某个国家或者企业。而且，日元下滑时，其投资部分的股票也

会上涨。这与证券公司和银行店面上所出售的基金不同，不需要手续费（只需要股票买卖的手续费），因为是指数基金，所以运作手续费也很便宜，向海外股市投资时，适应于从日元到外币兑换的大宗交易。如果能信奉"鸡蛋不要只盛

到一个篮子里"的名言，再也没有比此更优越的国际分散投资的金融商品了。

但是，就算如此，也许有人还是会担心，如果发生"国家破产"这样的不寻常的事态，人们会失去重要的财产（我认为这种概率虽然极其低，但也不是绝对没有）。

这时，如果提前在国外的金融机构开设账户，不管何时只要动动鼠标就能轻松转移金融资产的话，就不用担心"金融封锁"（目前的话用比特币比较好）。此外，财政破产时，日元市场短期内发生激烈震荡，利息突然暴涨、股价暴跌时的金融市场出现巨大混乱是确实存在的。这时，如果懂得期权、期货交易等金融衍生产品的结构，就能把风险控制到一定范围之内，从而有可能轻松赚取巨额财富。

第三部分

人力资本促使自我实现

第六章　人力资本是"财富的源泉"

这是连小学生都懂得的道理，当上富豪只有三种方式：

1. 增加收入。
2. 减少支出。
3. 正确管理资产。

我们列为 "有钱人的方程式"，如下所示：

$$财富 = 收入 - 支出 + （资产 \times 投资收益率）$$

其中，（资产 × 投资收益率）相当于人生的金融资产，如同前一章所述，在零利率时代，"金钱已经不起作用了"，尽管能够经济独立，也只能是达到一种维持（把钱存在银行这样的免费保险柜里）原有状态的程度。于是，剩下的两种要素，即 "增加收入" 和 "减少支出" 就变得很重要。

减肥与实现自我价值的关系

"减少支出"就是"节约"，我们不能轻视它的效果，这是《隔壁的亿万富翁》所揭示的规则，像欧美或日本这样的富裕国家，只要是勤俭节约，（最后）谁都能当上亿万富翁。

要运用金融资本获得利益，某种程度的本金（存款）是必要的，即便别人跟你说"你应该增加自己的收入"，但很多人还是很困惑——要是知道怎么挣钱，我早就去做了。相反，"减少支出"这个目标里，有一个很大的特点就是，"不管是谁，只要从今天开始，努力就会产生效果"。

那么，有一个东西与这个有着完全相同的效果，那就是减肥。

探究人们（特别是女性）热衷于减肥的原因，其中固然有"以瘦为美""肥胖是意志薄弱的体现"等偏执的现代价值观的影响，但赋予减肥宗教般魔力的则是因为这件小事与"自我实现"密切相关。

有经验的人应该知道，减肥本质上是两种要素的对立：

1. 努力一定会有回报（不吃就一定会瘦）。
2. 总是被诱惑（食欲是人最基本的欲望）。

我们无意识地会认为这是"善（神）"与"恶（魔）"的对立。减肥期间大口吃蛋糕会让我们有着强烈的罪恶感，抵制住诱惑，体重减轻 500 克以后会有着强烈的成就感和幸福感，这就是减肥的原因。

从中可以导出具有讽刺意味的反论。如果在减肥中收获到幸福感，减肥成功后，人们就不再能体会到幸福感了。如果这样，最有效的获取幸福的方法则是不断减肥失败。这样一来，"善"会不断战胜"恶"。

这一原理同样适用于近年来流行的"收拾整理"。

收拾的好处就是，努力收拾后房间就会干净。但是，自己特意收拾好的房子不知不觉又会乱成一团，那么罪恶感也会重重地压在心头。但这也没关系。再次收拾整理，让你内心再一次地激动（同样成为热潮的"劈叉"在付出就有效果这点上也是一样的）。

节约和减肥一样，它的成果能用数字正确地表示，只要努力，钱就会存下来。大多数人都是败给一点点小小的欲望而散财，结果努力就变成泡影。之后再一次地从头开始节约，"自我实现"。

经济合理地勤俭节约

快速地自我实现能够很快获得"幸福"，这是件好事。可问题是不管怎么减肥体重都不会减轻，不管怎么节约，钱都存不下来。究竟是哪里出错了？这是因为我们赋予了节约（或者减肥、收拾整理）一些过剩的意义。

确实有钱人大都吝啬，因为不节约就没钱，这是一种（反复重复同义命题）。但是，他（她）们并没想通过节约来实现自我。节约的规则只有一个：

如果结果一样，越便宜越好。

大荣的创始人中内功晚年私人出资成立了流通科学大学并任教，上班需要从自己东京的家坐新干线到神户，每次他都会选择普通列车。认识他的人问道："你怎么不坐更高级一些的车呢？"中内反问道："难道那能比普通列车到得更早吗？"

世界首富比尔·盖茨坐飞机总是坐经济舱也是闻名遐迩的。问其理由，他回答说："坐经济舱不用花很多钱，就算坐头等舱，飞行时间也是一样。"他的回答和中内一样。

同样能举出很多其他事例，但这和"吝啬"不同（他们并没有住在破房子里）。

我的一个资本家朋友是很努力地在用信用卡攒积分。这也不是"吝啬"。其他乘客免费（用积分）坐经济舱的时候，他们不能容忍自己拿出几十万日元做同样的事情。

但另一方面，有钱人对于那种比较各种报纸的广告，看哪里卖的生菜比较便宜这样的事情毫无兴趣。对于他们来说，比起金钱更重要的是时间，他们买生菜会在高级食材店，而且根本不看价格。

同样，有钱人在兑换日元和美元的时候，不会在银行支付 1 美元 =1 日元的兑换手续费，在交易股票的时候，会用买卖手续费便宜的网络证券，在资产投资的时候，他们不用销售手续费在 5% 的投资信托公司，而会用成本便宜的 ETF（上市资产信托），并且，他们也不会参与手续费很高的生命保险。他们的共通之处在于都对 CP（性价比）敏感，对经济上不合理的事情（被某些业界人敲诈）有着强烈的厌恶感。如果随便地被人敲诈是没法存下钱的。这也是同义反复。

如果经济上是合理的行为，那不用努力都会自然节俭。但是，这还是不能存很多钱。当然，"有钱人的方程式"中很重要的一点是收入。

因此，我们在这里思考一下产生收入源泉的人力资本。

诺贝尔奖获得者的人力资本论

获得诺贝尔经济学奖的美国经济学者——加里·贝克尔认为，每个人都有各自的人力资本，将其投资到劳动市场，会赚取到每天的收益（工资）。这与将金融资本投资到金融市场而获得收益的经济行为是一样的。"工作行为"作为人力资本的投资来回收，能用经济学的构造进行说明。这是将"工作"的意义大大改写了的贝克尔的经济创新观点。

投资行为由期待收益与风险决定。投资者都有的深切体会是期待收益并不是越多越好。

假设有期待收益是 100% 的风险投资和零利息的银行存款。从市场上的效益来看，这两种投资机会无优劣之分，风险调整后的收益都应该是一样的。100 人如果都投资风险企业，50 人的成本会成倍增长，而剩下 50 人的成本会尽失，平均下来收益为零。

同样是人力资本的投资，如果从劳动市场的效益来看，风险调整后的收益相同的裁定是起作用的。那么，理论上来说，终身雇佣中能得到稳定收益的工作与（低风险·低收益的）债券投资一样盈利性低，不知道何时会被解雇的总有成果报酬的工作与（高风险高收益的）股票投资一样，报酬是没有上限的。之后我会说明，欧美的雇用制度是与人力资本理论相整合的，在日本是正式社员的身份，只要是作为"一流企业"的新员工被录用后就能保证一生的高收入（低风险中高收入），人们觉得这是获得了过度的特权（实际上这是神话），让劳动市场极其扭曲。

20 岁收入 5000 万日元的人力资本

一般的公司职员大概拥有多少人力资本呢？

省去细微的计算，我们仅从结论来说，按一个人一生的收入是 3 亿日元（入职的时候年收入是 2500 万日元，65 岁退休时年收入是 1300 万日元，退休金是 3000 万日元）的标准来计算，加上风险补贴金（公司破产、自己生病没有收入的风险）的折扣率8%，刚刚进入公司的年轻人的人力资本大约是5500万日元。

大部分的年轻人都没有这么多的金融资产，从这里我们导出下一步简单的原则：

最重要的 "财富源泉" 是人力资本。

折扣率越低，理论上人力资本的价值就越大（这与利率＝折扣率越低，债券的价格就会上涨是同样的道理，其构造的说明参照拙作《胆小者的股市入门》）。

市场中的利率越低，跟其相对应的人力资本的折扣率就会下降。折扣率如果是4%或5%，刚进公司的年轻人的人力资本就是1亿日元，如果是零，那就和收入总额相同是3亿日元。零利率社会中，从这样的计算就能看出人力资本的价值暴涨程度。（表1）

表1　终身收入是3亿日元时，刚进公司时的人力资本价值

折扣率	人力资本的价值
8%	5500万日元
5%	9200万日元
4.5%	1亿日元
3%	1.4亿日元
1%	2.3亿日元
0%	3亿日元

与金融资本相比较，人力资本的另一个特征是投资无损失。在奴隶制被禁止的社会中，只要工作多多少少会得到回报。日本虽然还存在着无薪加班这样的"现代奴隶制"，但人们对此毫无感觉。看到很多富豪一步一步地积累财富，我们才明白了只有人力资本才是成功的关键这个道理。

我们很幸运地生活在富裕的发达国家，因为这种幸运，我们生下来就具有巨大的人力资本。是否能有效利用人力资源决定着我们的"经济差"。

自我实现这座"圣杯"

经济学者加里·贝克尔所提倡的人力资本理论认为，跟投资家将金融资本投资到金融市场获得利润一样，劳动者本身的人力资本投资到劳动市场也能获得收入。贝克尔的慧眼在于，将金融交易和劳动两种毫无关联的事物相提并论，并看穿了它们都有着同样的经济构造。

金融交易的规则非常简单，用两条就能表示：

1. 利益越多越好。
2. 同样利益的话，风险小的更好。

与此相同的是，关于人力资本的投资，有着以下的规则：

1. 收入越多越好。

2. 如果是相同的收入，稳定的更好。

但是，人力资本里有着与金融交易完全不同的显著特点。那就是下面的规则：

> 同样的收入（或者即使收入不多），能实现自我的工作更好。

假如人力资本只有最初的两种规则，就会变得很简单，（同样规则的话）选择收入高的行业就行。我以前就遇到过以这个为理由而开始经营色情行业的人。他这样告诉我：

"你知道吗，在色情业做生意的男人，脑袋里想的只是如何跟年轻女人一夜情。他们不懂管理，不知道资产负债表和现金流是什么，不清楚偷税漏税与合理避税之间有什么区别。他们往往仅凭一股蛮干的热情做事情，即便如此利润率却很高。如果换作懂经营的人好好管理生意的话，难道不是能挣得更多吗？"

他说得很有道理，将人力资本最大化后当然就会得出此结论。后来我与他失去联系，也不知道他的生意怎么样了。据说最近色情行业的经营水平有所提高，外来的加入者赚钱不容易了。

金融市场的基本原理是套利，（在风险相同的情况下）资本追求高利润率，人们争相购买高利润投资产品，如产品价格上升，很快失去优势。如果与此相同的原理用在劳动市场上，那么在哈佛商学院取得 MBA 学位的毕业生应该会最先开始经营色情业。

为何他们会无视现在遍地黄金的"挣钱机会"，而要在竞争极其激烈的华尔街打拼呢？理由不言而喻。尽管职业上毫无贵贱之分，但色情业仍然被人们认为是世间的"肮脏工作"，就算在其领域成功，也不能实现自我价值。

成为不可替代的自我

"自我实现"是美国心理学家亚伯拉罕·马斯洛所提倡的"对于人来说，更高层次的追求"。他认为其在下面四种标准的欲求全部满足之后出现的：①衣食住行等最基本的、生理性的需求；②安全的生活；③被家人和周围人们接受的感觉；④受到他人的认同。从"需求层次理论"可以知道，自我实现与共同体＝社会资本密切相关。因为人是社会动物，这个话题我们将在本书第三部分讨论，这里就将自我实现定义为"做一个不可替代的自己"吧。

如同"找寻自我"所包含的意思一样，"还没在某处遇到""真正的自我"这样的感觉也被大家广泛接受。对此，有人批判道，"真正的自我"是幻想，确实如此，但实现自我的魅力还是没变。

金钱本身就是一堆碎纸片，只不过是保存在金融机构服务器中的电子数据。也就是说，金钱的本质是"幻想"。

但是，如果大家认为这些碎纸片和数据有价值，那么幻想就会实体化。金钱确实是幻想，在它成为共同幻想之前，人们会将其共有化，变成"现实"，吸引我们，约束我们。

像自我实现之类的广泛传播的价值观也是同样的道理。

在江户时代（或者明治时代），如果有人说"真正的自我在哪里"之类的话，人们就会认为他发疯了吧。但是，现在自我价值的实现已经成为职场上的"圣杯"，人们会认为，通过工作实现自我的人生价值才是人生的目的。大学职业教育的作用就是让年轻人树立这种价值观。

一旦有了共同幻想，价值观就会"现实化"，人们会尊敬、憧憬、羡慕已经（自称）实现自我人生价值的人。这样一来，"不可替代的自己"就会成为现实的人生目标。顺便说一下，我认为"真正的自我"是存在的，这也将在本书第三部分阐述。

于是，我们发现大家无意识地赋予了"工作"两个目标：

1. 通过人力资本获取更多财富。

2. 用人力资本实现自我价值。

　　这两种不同的愿望要同时实现是"理想的工作方式"，那是一种怎样的工作呢？这一部分我们只思考"人力资本"的问题，关于"社会资本"作为人生的基础，将在本书第三部分谈及。

第七章　创新型高薪工作与守旧型低薪工作

大家都注意到了，刚毕业的大学生进入某公司以后，一直在那里工作，直到退休，这种日本式的"工作方式"已经被完全破坏了。理解新的工作方式有如下三个关键词：

1. 知识社会化。
2. 全球化。
3. 自由化。

在 AI（人工智能）和 ICT（信息通信技术）等科学技术高速发展的现代社会背景下，上面三种要素相互关联，产生巨大变化。它们从根本上不断改变日本人的工作方式，接下来我们逐一进行介绍。

自由化的世界

我们用象征着知识化社会的硅谷企业，比如谷歌这样的公司打比方。

互联网企业所处的商业环境，竞争非常残酷。如果被竞争对手抢先夺取了决定性的创新商机，那就算是盛极一时的大企业也会瞬息破产。很多初创企业都接受了这种残酷的规则，削尖脑袋地参与激烈竞争。

要在这样的环境中取得胜利，重要的是要比其他企业先获取到优秀的人才。在纯粹的知识商业体系中，创新技术只会在拥有高知识高能力的人中间产生。而且，这种"知识能力"和学历毫无关系。比尔·盖茨和史蒂夫·乔布斯都没有大学毕业。谷歌曾经热衷于优先聘用名校博士，因此还被讽刺为"博士收集站"，但招聘来的博士们完全没用，所以短短几年后谷歌就改变了此招聘方针。

印度有很多出类拔萃的优秀程序员，但是，因为"美国人优先"的公司不雇用外国人，只能让这些人才作为公司的非正式雇员或外包员工使用。相反，还有一些公司，他们挑选员工时不看国籍，只要有实力甚至能当上公司总部的社长。如果这两类公司提供的工资都相同，那么聪明的程序员选择哪个公司自是不言而喻了吧。在抢夺全球化人才的激烈竞争中，IT企业如果用国籍来歧视员工的话，那他们立刻会被竞争对手夺取优秀人才而掉队。这是知识社会化逐渐与全球化融合发展的原因。

损毁竞争力不仅仅是国籍这一项阻碍。歧视员工的性别、人种、宗教、年龄、性取向、身体或精神障碍的公司就会失去得到优秀员工的机会。在竞争中生存下来的公司，都不会把能力（知识能力）以外的事物当作问题，而是会从巨大的人才圈子里录用最适合的人选。

不用肌肤颜色去区别对待员工，接受男性同性恋或女性同性恋者，雇用残障人士，公平对待所有员工的公司被称为"自由化公司"。这样，知识社会化与自由化两者一体化后进一步发展。既然在全球化市场上做生意，歧视员工的公司不会得到顾客、消费者的信赖。

由此而知，创新型的"自由化"是以普遍性的人权为前提，在全球市场上只通过能力／知识技能来甄选和录用劳动者，从那里生产出来的商品或服务才是公平地提供给全球市场的商业典范。

特朗普现象是对自由化的反抗

当然，对于以上的说明也许有人会感到不舒服。媒体每天都在警告说"社会在右倾化"。看了美国的总统大选，确实如此。但这只是看到了现实的一面。

知识社会在其定义上是高知识高能力的人拥有巨大优势的社会。知识社会的进步指的是工作上所需要的知识技能门槛变高。这样想来，随着"知识社会化＝全球化＝自由化"三位一体的前进，避免不了很多人掉队。这就是"中产没落"现象，他们的愤怒招致了社会的保守化、右倾化。

我们对照着禁烟来理解这种事态。

在我小时候，人们在医院的候诊室里吸烟是无可厚非的事情，一个不停咳嗽的小女孩旁边，有一个吞云吐雾的人并不稀奇。20世纪80年代，医院的一角开始设立吸烟区，患者和看望病人的人在这个烟雾缭绕的地方狂吐烟圈。但是，如果现在在医院的候诊室里嘴里含着香烟的话，一定会被大家像看疯子一样盯着看，遭到大家异样的目光。人们在吸烟方面的价值观，仅仅半个世纪就发生了翻天覆地的变化。

对于这样的"厌烟化"潮流，爱吸烟的人们强烈反对。但是他们并没有说要"回到在医院里堂堂正正吸烟的时代"。他们接受了趋向厌烟的社会潮流，只能在街道的角落里蜷缩着身躯，静悄悄地吸着烟，向人们倾诉，希望人们能认同他们的"爱烟权"。

美国总统大选中，唐纳德·特朗普的人种歧视、女性歧视的发言引起轩然大波，尽管如此，很多白人有权者还是投票给他，据说这象征着美国社会的"右倾化"。但他们并没有主张"把美国变成白人国家""复活奴隶制"。"反知性主义·批判全球化·保守化"跟爱烟人士口中的"禁烟法西斯"一样，是对过头的"知识社会化·全球化·自由化"进行的反抗。

不能适应知识化社会就会被淘汰

将现代社会的特征理解为"知识社会化·全球化·自由化三位一体"的话，我们就能知道从（全球化起点是）20 世纪 90 年代初期开始，日本企业为什么在世界范围的竞争中败下阵来。

本来日本的雇佣制度就像"总部录用""当地录用"所象征的一样，理应是"日本优先"，对于国籍不同的人才平等录用是不可能的。当地录用的职员不能调到总部，地方法人代表或高管也是从总部派遣的（别说当地的语言了，就连英语都不会说的）日本职员。这种露骨的歧视，当然让外国职员感受不到公司的魅力。

于是，在中国或东南亚，优秀的当地青年在日本企业工作两三年学到技术后，就很快跳槽到（拥有全球标准化人事制度的）欧美企业。因为日本企业总是在人才竞争中失败，所以，不管总公司的日本员工怎么（白费的）努力，还是不能扩大公司在当地的业务。也有日企在当地成功的事例，但只限于制造业、物流业等更适合采用日式人事制度的行业。

日企不能录用优秀人才的问题，当然在当地的人们也认识到了，但如果想改变这一切，不仅要着手改变"总公司录用"和"当地录用"的国籍歧视，还要动摇作为日式雇佣根基的终身雇佣制和年功序列制，不然，只能心甘情愿地接受自己"欧美企业人才培养基地"的角色。

就像打败了象棋和围棋世界冠军的 AI 所象征的，科学技术的进步是不能阻止的。虽然会产生各种社会摩擦，但知识社会还是会加速前进的。如果这样，我们就有必要记住下面这一简单事实（现实）：

> 不管是企业还是个人，不能适应知识社会就只能被淘汰。

日本企业固守着不能适应全球化和自由化的人事制度，自然就导致其在知识商业的最尖端领域 "不断失败"。而且，遗憾的是，雇佣改革会直接触及处于日本社会中心的大型企业的正式员工和公务员的既得权益，因此尽管安倍政府大力提倡 "同工同酬"，现实仍然难以改变。

如果这样，我们只能在不适应知识社会化的 "日本企业" 之外培育自身的人力资本。

创新型高薪工作与没前途的低薪工作

克林顿执政期间，担任美国劳工部长的新自由派经济学家罗伯特·伯纳德·赖克 25 年前（1991 年）在世界级畅销书 *The Work of Nations* 中预言，21 世纪美国的工作将发生两极分化，分为创造型高薪工作和没有前途的低薪工作。更准确地说，赖克将其划分为：① 程序式生产；② 对人服务；

③知识型工作。

在这本书里，赖克预测称，因为全球性的竞争，从事"简单重复操作类工作（程序式工作）的典型——工厂工人会被新兴国家的工人所取代，而且过去被国境所保护的对人服务行业也将面对大量移民涌入所导致的低收入的现实。美国的中产阶级遭受全球化内外双重冲击，面临着失去以往富足生活的危险"。这种惊人的预见性在2016年的美国总统大选上得到验证。

没前途的低薪工作指的是像麦当劳那种程式化（工艺标准化）的工作除了一般公司的行政工作（事务性工作），也包括日本的"家传独门手艺"等手工制作工厂。

伴随科技进步，机器人、计算机逐渐取代了过去的手艺人，加之生产工艺标准化，从业人员不必具有太高技艺也能生产出一定水平的产品，外国劳动者也能替代。

相反，创新型高薪工作（知识型工作）是"工作价值不能用工作时间来计算的工作"。但其中也分为"可延展的工作"与"无法延展的工作"。

平均国度与极端国度

比起剧团的演员，电影演员会获得巨大的财富，这是为什么呢？那是因为电影是可延展的，而话剧是不可延展的。

不管是多么受欢迎的话剧团，演出者的收益都受到剧场大小、公演次数、观众能支付的演出费等要素的影响。这些要素明显地有着上限，这也成为演员工作财富的限制（无延展性）。

相反，电影只要票房高、受欢迎，就能在世界各地的电影院上映、销售 DVD、对外出租、在电视台放映。电影明星会通过这一切获得利益分配，这种工作没有财富的限制（有延展性）。

提出这种分类的是纳西姆·尼古拉斯·塔勒布（《黑天鹅》），他把没有延展性的工作叫作"平均的国度"，有延展性的工作叫作"极端的国度"。

在"平均国度"里，平均值周边聚集了大半的人，很少发生变化剧烈的事情。日本成年男子的身高大都在 1.7 米左右，超过 1.9 米的人只有一小部分，身高 3 米的人不存在。这就是正态分布所支配的世界，在那里极端的事情发生的风险在概率上是可以预测的，在统计学中通过大数据来管理。

与此相对，"极端的国度"属于复杂型，是长尾理论（幂律分布）的世界，几乎大部分的事情处于平均附近的都与正态分布曲线相同，就像一种叫雷龙的恐龙尾巴一样，因为其尾部的延长线较长，所以经常会发生一些让人惊异的极端事件。这就像一个奇妙的世界，在很多身高 1 米的人中间，徘徊着身高 10 米或 100 米的巨人一样（图 14）。

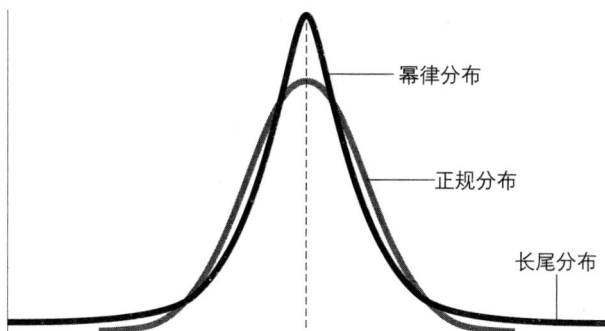

图 14　正态分布与幂律分布

梦见黑天鹅

电影产业能加入到"极端的国度"，是因为伴随着科技进步，人们能够以极低的成本（约等于零成本）复制内容。这样，一旦电影大卖，就能在世界各地的市场销售，产生巨大的财富。同样，书（《哈利·波特》）、音乐（迈克尔·杰克逊）、时装（香奈儿、古驰）、软件程序（微软）也是极端国度的常住人口。

没前途的低薪工作是通过时间来计算的，收入要看劳动时间的长短来决定，没有任何延展性。但是，创新性工作中也有很多没有延展性的工作。

比如律师或会计师这样的专家，也许都是靠高昂的时薪来工作，而且他们能处理的事件和客户的数量也有上限。医生的收入会根据手术的件数和患者的数量来决定上限。虽然平均收入比较高，但还是平均国度的工作。

表2是这种关系的可视化。

表2　创新型高薪工作与没前途的低薪工作

创新型高薪工作		没前途的低薪工作
有延展性 创作者	不可延展 专家	工艺标准化,不可扩展内勤工作
极端的国度	平均的国度	

　　↑　　　　　　　　　　　　　　　　↑
长尾分布的世界　　　　　　　　　正态分布的世界

没前途的低薪工作是流程化的、不可延展的工作，既没有成就感，也不用担责任。

专家是创新型工作中从事不可延展性工作的人们，要承担巨大的责任，但是平均收入很高。

创作者是创新型工作中挑战可延展性工作的人们，一旦成功就能获得让人难以置信的财富，这样的人大部分无声无息。

这也不是哪个好、哪个不好的问题。年轻人在极端的国度里可能会感到可延展性工作的魅力，但只有极少一部分人能遇到"黑天鹅（非常稀有的成功）"。专家的工作虽然稳定高薪，但压力责任重大，低薪工作不能赚大钱，但是不用烦恼于工作和人际关系。

082

没前途的低薪工作能实现自我价值吗

根据职业观相关调查研究显示，我们的工作方式可以分为"当作劳动""当作职业""当作天职"。这正好与内勤（低薪工作）、专家、创作者的分类相对应。

把工作"当作劳动"的人们，本质上工作是必要的谋生手段，为了达成目标的手段（生计需要），既不是积极的，也没有精神上的回报，他们的工作是为了享受工作以外的时间。

把工作"当作职业"的人们，是为了让自己成长而工作。他们并没有想将工作和人生一体化，他们有着想获得更多的收入和社会地位的野心，把更多的时间和精力放到提高职业素养上。

把工作"当作天职"的人们，他们能在自己的工作中找到充实感和社会意义，他们不是为了金钱上的回报和出人头地，而是快乐地工作。他们不会把人生和工作分开来看，认为人一生工作都是应该的。

研究幸福的第一人——心理学家索尼娅·柳博米尔斯基在《让幸福持续的12种行为习惯》（日本实业出版社）中提到，艺术和科学当然容易成为天职，但低薪工作同样也能实现自我的人生价值，她列举了下面的事例。

对某医院的28名清洁工进行采访调查，一部分人说自己讨厌清洁工的工作，感觉这不需要任何技能，只是做自己最低限度能做的工作。而另一部分人却认为清洁工作有着重大的意义。

认为自己的工作是有意义的清洁工，会留心让患者、来医院的客人、护士们每天都过得很舒心，他们很活跃地与人们进行各种社会交流，比如给来医院看病的病人带路。他们喜欢清扫工作，认为这种工作需要一定的技能，例如在最短的时间内有效率地完成工作的方式，为了让患者能在医院里早日恢复健康，他们会把医院打扫得让人感觉舒适，这是他们应该挑战的课题。另外，摆正医院墙壁上绘画的位置、摘野花装饰医院等等，在工作指南上没有写出来的事情，他们都会积极地去做。

研究者们测试了为了金钱而毫不犹豫地从事低薪工作的人和对低薪工作提出自己的意见的人的幸福指数。结果显示，工作中能实现自我价值的劳动者的幸福指数值高很多。看到这里，很多人会想起以前非常畅销的一本书，田沙耶香的《二十四小时便利店人》（文艺春秋出版社）。小说的主人公就是在便利店的工作操作指南中"实现自我"。

但是，这里也有陷阱。因为清扫工作是按时间给工资，所以不管是为了生活不得不工作（不幸福）的清洁工，还是为了实现自我人生价值而奉献性工作（幸福）的清洁工，医院支付的时薪都一样。也就是说，不管经营者是有意的或是无意的，都会利用员工的实现自我人生价值这一点来"榨取"劳动者的工作价值。

不用杞人忧天的是，现代的跨国企业应脱离了低薪的工作指南流程，不断朝着"日本化"发展，这一耐人寻味的现象。关于这一点，我们会在与社会资本的关系的第三部分再次讨论。

日本社会为了拿到实现自我的"现代圣杯"，首先需要思考"工薪族的生存方式"。因为日本公司职员的工作方式没有与"创作者""专家""没前途的低薪型工作"这种全球标准化的工作分类方式挂钩。

工薪族究竟属于哪种人群？

第八章　工薪族的生活方式

因撰写《人事部在观察》等著作而出名的楠木新在大型生命保险公司经历过人事、劳务、经营企划和分公司社长之后，一边作为工薪族工作，一边以"工作的意义"为题材进行取材和创作。楠木在《工薪族两次辞职》的第一章中写道："不要通过工作来实现自我的人生价值。"

他写了下面令人印象深刻的故事。

不要期待通过工作来实现自我价值

楠木做大型生命保险的分公司社长时，有一天，一个年轻的公司职员来到他面前找他商量事情。

他说自己家是做生意的，将来自己也想创业。他的目标是游戏软件公司的社长或受人瞩目的二十四小时连锁便利店的经营者。说自己很崇拜史蒂夫·乔布斯。

楠木打断了年轻人的话，问他："你是不是在一些基本的事情上想错了啊？""你每天能在公司里工作首先是因为你凑巧没有那种奇特的个性。 如果是有突出个性的人，那他就不能进公司，就算进来，工作也不会长久。"

楠木究竟想对年轻人说什么呢?

在人事部门当招聘负责人的时候，楠木在短时间内，发出了超过 30 个学生的录用通知书。 就算是就职有利时期，拥有魅力个性和突出能力的人都会落选。 即使负责招聘的同事极力向我推荐，"务必把他招进来吧"。

理由是公司所要求的不是职员的 "能力"，而是 "是否能在集体里工作"。

这并不是楠木的独断专行和偏见。 多年后，为了写书，我也采访过很多从事过人事工作的人们，他们的共同之处都是，"没想过要招聘拥有突出能力和特别资格的人才"。 大型企业的招聘负责人看中的是，就算指示这些学生做一些 "没兴趣的工作、没有定夺权的工作、去自己不愿意去的地方工作"，看他们是否能在集体中任劳任怨地甘为人梯。 大学里教给学生们的是 "企业会寻求有能之人"，但实际上虽然有能力但又有个性的人是首先被排除在外的。

我想大家应该能明白楠木所说的意思了。 憧憬着初创企业的年轻公司职员，在大型生命保险公司的面试中被录取之后，工作了很多年这样的 "事实" 就决定了他当不了史蒂夫·乔布斯。 而且，乔布斯本身就没有就过职，大学也中途退学了。

于是，楠木对困惑的年轻职员建议："你们有着他们

（个性型人才）所不具备的优点。你们能进入公司是因为 HR
认同你，把你当作能一起工作的伙伴。你延伸一下考虑，有
魅力、有个性、有突出能力的人和幸福的工作人生并非一定
成正比。或许你更占据有利位置。"

认为这话说得很过分吗？楠木在工作上一路顺风顺水，
却在四十几岁时抑郁了，不明白"自己的工作对于别人而言
有什么意义"，他主动申请降为普通职员。当我们知道了这
样的经历，才懂得了这句话的分量。通过这样的机会，我们
能从最底层观察"（日本的）公司"这种超级离奇的组织，并
且从世间流传的一般性错误常识中（好听的话）解脱出来，
看到这个世界上只存在于日本的叫作"工薪族"这种"稀有
品种"真正的样子。

当你不懂得是否是为了工作而生活的时候人生才刚开始

进入大型广告公司电通刚 8 个月的女性员工在 2015 年的
圣诞节投河自尽。电通在 2013 年也发生过 30 岁男性职员过
劳死（病死）的事件。劳动标准监督署多次发布改正劝告，
可均被电通无视，于是被视为"恶性事件"，纳入刑事案件
进行现场调查，社长引咎辞职。

据报道，自杀的女职员被分配到网络广告部门工作，承
担客户企业的广告数据收集、分析、生成报告等工作。2016
年 9 月末，该网络广告部篡改报告、伪造运用实绩报告，通

过不公布广告来进行过度申请款项等不正当行为败露。关于
原因，公司方面回答说："管理者应该对包括现场的压力等进
行周密思虑。""对于复杂而烦琐的操作，总是人手不够。"

女性员工自杀前，在 SNS 上写道："休息日没休息，制
作的资料被人说成破烂一堆，已经身心疲惫了"、"不知道是
为了生存而工作，还是为了工作而生存的人生"、"男上司说
自己没有女性魅力，自己是被大家嘲笑的笑柄，忍耐已经达
到极限。"自杀的当天早上，给母亲发了一封邮件："工作、
人生都很痛苦。谢谢妈妈一直照顾我！"

以前也有对黑心企业的批判，像这样代表日本的大型企
业的工作环境异常已经变成常态的事情公之于世，在某种意
义上来说，这是很具有象征性意义的事件。被社会批判的电
通，采取了让总公司大厦晚上 10 点钟必须全部灭灯等一些防
止深夜加班的措施，但这也完全解决不了问题。因为问题不
是长时间加班，那只不过是单纯的结果。

个人型与团队型

要了解日本企业的员工为什么会过劳自杀，那必须找到
日本公司和工薪族工作的基本方式。

很多学者都指出过，欧美公司的人事体系是"个人型"，
而日本公司的人事体系是"团队型"，二者有很大的区别。

"个人型"指的是以"职务"为标准进行工作的组织。

人事部门会根据经营者所制定的商业战略进行必要的职务补充，没有必要的职务会削减，原则上是不进行内部调岗的。如果营业部人手不足，就会从劳动市场中招募适合人选过去。另一方面，如果间接部门的人才有所剩余，就会裁员，使公司回到正常状态。像这种情况，日本的公司会很自然地对人事部、总务部和营业部进行资源配置互换，欧美的商界人士听到这里，估计会目瞪口呆。

"个人型"的特征是，工作中所需要的能力和资格都是严密规定好的，只要能完成这种标准，员工之间都能够相互替代，这已经流程化。因此，如果有人具备同样的能力、资格并且可以接受更低的报酬（比如移民者），那么解雇现在的员工，雇用他们在经济上也是合理的，中国或印度这样的发展中国家如果聚集着拥有同样能力、资格的人才，那么把工厂搬到这些国家也很合理。

相反，"团队型"，顾名思义，就是以"成员"为中心工作的会员制组织。有着严格的正式会员（正式员工）和非会员（非正式员工）的身份区别，正式员工一般需要与组织（家）的伙伴们保持和谐关系，另一方面还需要有能够应对各种职务的能力。像这样的人才很方便，其能力在（偶然进入公司的）特定的社会里已经特别化，不会被广泛应用。终身雇佣和年功序列让收入稳定，它的代价就是放弃了其他公司工作的替代可能性（改行可能性）。

工薪族的工作方式是相对于专家被称作"全才"的人。

这与"工薪族"一样，是日本式英语，在国外完全不通用。横跨各种工作的全才本身也不存在。

个人型与团队型各自有其长处和短处，最近对日本式经营的谴责也越来越严厉了。

一个就是只有日本才有的"非正式员工"的特殊制度，ILO（国际劳动机构）等国际社会投来疑惑的眼光，问做同样的工作，但工资不同这难道不是"身份歧视"吗？安倍政权拼命导入"同工同酬"是因为在从军慰安妇问题上，日本被贴上"歧视社会"的标签，他要避免此类事情的发生。关于这个问题，之前也大篇幅论述过，此处就不再重复。

网上拍卖能产生好人？

理解日本公司的另一个关键是，"个人型"是"开放型"，"团队型"是"自闭型"。关于这个论述，拙作《在残酷的世界生存下去的唯一方法》（幻冬舍文库出版）有写，这对于思考工薪族的人生有着重大的意义，我就再说一遍（已经知道的朋友可以略去不看）。关键词是"寺院与集市"。

网络拍卖刚出现的时候，很多专家都对这样的商业模式嗤之以鼻。因为参加者对于拍卖人一无所知，拍卖假货，获得暴利，想怎么做就怎么做。

但是，与专家的预想（应该说是冷笑）相反，如今 eBay 和雅虎拍卖成长为网络巨头。其秘密就在于"评价"。因为在网络拍卖中，竞买人能够评价拍卖人。

举个不好的例子，假如你现在在网络拍卖中企图诈骗。但是你没有任何评价，如果这样下去的话，竞买你高价商品的"老好人"不会出现。如果你想通过诈骗赚钱，那一定要通过某种方法先得到好评。

最简单的办法就是，重复上架小额的商品，认真销售，踏实地获得好的评价。获得好评后，不仅能上架高价的商品，还能以高于其他拍卖人的价格成功卖出相同的商品。参加竞买的人，如果能和有良心的商家做成交易，就算多付钱也不在乎。

于是，大量的评价到手，实施诈骗的条件也具备了。现在如果大量地假装上架液晶电视等高价商品，在别人付钱之后，就能全额提取现金，然后逃之夭夭。但那时，你作为拍卖业界人士，已经有一定的利润了。

于是，你苦恼于面前的两个选择。

一个是按原计划实施诈骗，立刻骗取大量现金。但是如果被抓，就只能在监狱里度过余生（高风险高回报战略）。另一个是，利用之前获得的高信用，继续交易（低风险低回报战略）。

这都看自己的选择，大多数人会选择后者。人们的心理倾向就是，与其对于产生的损失选择高风险（欲挽回损失），还不如得到收益和低风险好（保守的）。但是，对你来说还有更大的诱惑，那就是，如果就这样继续做下去会获得更好的评价，那么将来你可以实施更大的诈骗。

不过，这件事也没结束。下一次机会，你会在这两种选择中苦恼，然后还是选择饰演正义的一方。那么下下一次机会呢……这样，有恶意的人就会一直带着恶意，做一辈子的善人。

发生这么不可思议的事情，也是因为相较于差评网络拍卖赋予了好评更高的价值。

积极游戏和消极游戏

我们把积极评价的空间取名为寺院，消极评价的空间取名为集市。寺院和集市在游戏规则上完全不同。

市场是开放型的，参与和退出都是自由的，就算强加给对方不好的评价也完全没有任何效果。全是差评的商家会立刻关店，在其他地方以其他名字再次进行交易。

另一方面，在市场上，一旦退出（伴随着差评）好评也会全都归零。因此，已经获得大量好评的商家会考虑留下来继续积累更多的好评。顾客们还是愿意从评价高的商家那里购入商品和服务，这是扩展生意最合理的战略。

于是，"尽量显眼，尽量获取好评"成了集市空间中的默认游戏，这就是积极游戏。

相反，寺院是封闭型，一旦被赋予差评，就会一直存在。这种游戏的典型就是学校的霸凌问题，一旦被列为标靶，就会被人一直欺负到毕业。"尽量不要太显眼，身上穿着匿名盔甲，避免差评"是生存下去的最好策略。这就是消极游戏。

这里必须要注意的是，寺院和集市并不是由于日本与欧美的国民性不同而产生的。就像美国的校园霸凌现象已成为严重的社会问题一样，不管是日本人还是美国人，只要身处由紧密的人际关系所支配的封闭村落社会，就无法避免消极游戏。一边避免被别人差评，一边差评别人，这已经成为封闭空间里的生存之道。

问题是，日本社会是典型的封闭空间（寺院）。因为谁都知道年功序列和终身雇佣是日本的工作惯例，在日本，中层管理职务以上的人中途跳槽非常困难，35 岁之前可以跳槽。45 岁以后辞掉工作再重新找几乎不太可能，能找到非正式的工作就算不错，很多人都只能在便利店收银，或者在道路工程中做指挥车辆的工作。

风险如此之大，很多中老年的工薪族都不会再辞掉工作。也就是大家通过合理判断，开始自我寻求被公司监禁。

但是，这里却有一个危险的陷阱在等着他们。

被电击的狗

将提出以"自我实现"为最高目标的"需求层次理论"，对心理学历史产生划时代影响的是亚伯拉罕·马斯洛，一个犹太裔俄国移民的孩子，纯粹的纽约人，他在"二战"中"美国最辉煌的时代"，作为一个心理学家开始了自己的职业生涯。马斯洛最厌恶的是欧洲的阴郁心理学，即弗洛伊德的精神分析学。弗洛伊德精神分析学说认为人被自己无意识中压抑的情欲（与近亲通奸等）所支配，马斯洛无论如何无法接受这类"反人性"的学说。对于马斯洛这样的人文主义者来说，人生应该是积极向前的、有价值的。

美国的心理学家马丁·塞利格曼继承了马斯洛的思想，他认为将重心放在积极心理上而非消极心理上才是打开幸福大门的钥匙，因此创建了积极心理学。"习得性无助"实验让作为美国心理学会主席的塞利格曼一举成名。

实验对象是两条狗。为了不让它们动，都用布条绑着，在一条狗的旁边放置了一块木板，如果狗摇头，就会敲击到木板，这时，就会按动木板后面的按钮，电击就会停止。另一条狗没有这种装置，不能自己停止电击。

然后，塞利格曼用电流刺激两条狗。两条狗都想激烈地挣脱逃走，但是因为被绑住了无法动弹。但是，其中一只脑袋旁边有木板的狗慢慢意识到，在某个节拍的时候，用自己的脑袋敲击木板，电流刺激就会停止。

狗很快就学会了，每当电流过来时，它都会摇头阻止电流刺激自己。但是，另一只狗不管做什么都不能逃离痛苦，于是最后，不管怎么加强电流，它也只是闭目坐在那里一动不动。

从上面的实验来看，被赋予回避痛苦选项的狗，它的压力荷尔蒙数值并没有太过于上涨。相反，被剥夺了选择权的狗，它的压力数值超过了忍耐上限，最后它对所有的刺激都毫无反应。

塞利格曼的"习得性无助"的实验数据显示，长期处于被监禁的痛苦状态，会给心灵带来巨大的创伤。在封闭型寺院空间——日本公司里，工作受挫、跟周围的人相处不融洽，马上就会满足此条件。

对于电通的过劳自杀事件，人们对不得不选择死亡的公司女职员感到遗憾，都评论说："为什么她不辞职呢？"实际上，一旦被公司所监禁，她所有的选择权都会被剥夺。在她悲痛的 SNS 里，至今还残留着不断地给予无止境痛苦的日本公司的残酷。

长时间工作并非抑郁症的原因

抑郁症在日企中不断蔓延，这是大家都知道的事实。企业员工精神健康讲座的先驱者见波利幸在《心灵扭曲的职场》中，就"长时间工作并不是精神状态不健康的本质原因"，列举了以下事例。

咨询者已经停职过两次，他很烦恼："如果就这样下去，自己会没有未来，不知道自己还能不能继续在公司里待下去，不知道自己将来该怎么办？"

在他最初负责营销的时候，为了大宗合同能签约成功，必须进行一次重要的展示。但是，他不擅长在人前说话，演讲对他来说非常痛苦。果然，演讲之前他抑郁了，不得不停职休息。

数年后，复职后的他在当上公司跨部门项目团队的副领队之前恢复了身体。但是，他的团队又必须在公司股东面前发言演示，于是在演示前他的抑郁症再次发作，又不得不停职。

据本人说，两次都是发表演示的时间一接近，头脑里就满是"自己不行""自己不适合发表"的想法。完全处于不能工作的状态。上司和同事也不会意识到自己的痛苦处境，他们只是觉得"他工作太忙"。

这是职场上典型的抑郁症案例，谁都会说，必须圆满完成自己不擅长的发言的认真劲和长时间的工作是他病因的导火索。但是，精神科专家见波先生听了他的故事以后，却有着不同见解。真正的原因是："他负责营销，却缺乏对产品的了解，而且他的营销缺乏技巧和水平。"也就是说，他没有能力去适应工作。

但是，他本人（无意识地）拒绝承认这种"不合时宜的事实"。因为身为在公司里做了15年的业务骨干，如果这话传出去会遭到批评，"你现在说这些到底想做什么！"将没办法再在公司待下去。他变得抑郁是因为自己很想避免在客户或股东等"专业人士"面前展示的时候，暴露自己能力的不足之处。见波先生说，这是倾诉自己精神状态不佳的工薪族中最常见的烦恼。

日本的大学（人文科学系学部）是被认为应该学习"教养"的地方，法学部的教员轻视法律实务，经济学部的教育轻视贸易，大学毕业刚进公司的职员在没有任何商务技能的状态下被分配到部门。换句话说，公司方面认为，如果在大学里学到一些奇怪的知识，那么这些人才就很难被自己公司的理念"洗脑"。学历只能证明具有基础知识能力，没有其他价值，大学的成绩在进入公司后一概不再考虑，所有的新入职员工都作为"同一期成员"处于一条起跑线上，这就是公司的理由。硕士研究生也和本科生待遇一样，博士生因为年龄大、待遇不同而被公司所嫌弃，所以不被采用。

这些新入职员工会在团队型的组织里，在其各自的"封闭空间"里，被训练为最合适公司的全才型职员。这样的工作环境，当然产生不了"专家"。

所谓专家，也就是"拥有专业知识的人"。专业本来是指与神的契约中，发誓献身的职业（宗教家、医生、律师），本书指的是在商业上拥有知识和技能的人。

随着知识化社会的进步，工作上要求的专业化程度也越来越高。但是日本社会是由全才型人才组成的，不存在培养专业人士的结构。这样一来，由于全球化和电子技术的进步，工作环境发生巨变，出现了大量缺乏知识和技能的人才，工作现场也会混乱无比。

这样想来，我们能看到电通的过劳自杀事件的背景。

广告公司在这之前，都是以电视、报纸、杂志为主要媒体进行营业。但是进入 2000 年以后，由于重点转移到网络，以往的商业模式也发生了很大的转变。

欧美企业在这时候，首先是将精通网络广告的人才从外部（比如雅虎或谷歌）引进来，让其充当项目团队的负责人。团队的成员也是从初创企业挖来的，具有编程和网页设计经验的年轻人。他们所在的是全新的领域，总公司的职员与其他部门有联络人即可。

这样的精英团队，是不可能分配连网络广告的入门都不懂的新人过来，也不会被完全是门外汉的上司愚弄得筋疲力尽。那么，为什么这么简单的事情不可能有呢？

这是因为，在年功序列、终身雇佣的日本企业，项目的负责人从外部招聘，或者仅靠中途进入公司的职员是不能成立这样的团队的。因此，只能从公司内部贫乏的人才池里寻找合适人选，但是，这种好事不可能有，人们力图通过长时间工作的人力资源来摆脱没有技能、经验或知识的人所集中的"不合适人才不适合场所"的混乱现场，可是权力骚扰和性骚扰又开始蔓延。

日本的医生也是工薪族

在知识社会中，工作两极分化，分为创新型高薪工作与没前途的低薪工作。创新型高薪工作有可以延展的创造型工作和不可以延展的专家型工作。这在工作方式全球化标准中，日本和欧美的创造型工作没有太大区别。成功虽然很难，但是一旦成功一次，就会获得出人意料的财富和名声，这是高风险、高回报的工作。

创造型工作为什么没有工薪族呢？这是因为，公司不可能支付给一介职员没有上限的报酬，也不可能养着很多不能产生利益（没有成功）的创新型职员。过去，日本著名的演员也是从属于电影公司的"工薪族"，可后来因为电影作为大众娱乐媒体扎根后就独立了，像欧美一样，成了独立事业者，也是因为这个理由。

但是，变成专家后，日本人的工作方式就脱离了全球化标准。

专家是拥有专业知识和技能的职业人士，律师、会计师和医师就是典型。这些工作都是按件计酬的成果主义，顾客的高评价与高收入直接挂钩，因为没有延展性，所以不能期待像成功的创业者一般拥有巨额财富和极高声誉。

比较适合专家的工作方式是自营业，他们从属于某个组织，"也只是借其打广告"。日本的律师属于此类型，他们属于某个大型律师事务所，但是工作被分派给各个律师，每个律师的报酬也是根据各自的成果来计算，没有基本工资或生活补贴之类的说法。

不过，同样是专家，医生的情况却完全不同。

在欧美，医生与医院的设备、护士、行政等职能一样，都是借用广告的自营业，患者不在医院看病，而是指定某个医生，医院从支付给医生的报酬中征收"租借费"。如果医生对医院的职能有所不满，或者租借费过高，他们就会转到别的医院上班，而且患者也要跟医生走。因为患者会在自己选择的医生那里治病，这也是顺理成章的事情。

但是，在日本的医院，医生要因为毕业大学的医学部门的工作需要才能调到其他医院，而患者还是留在医院里，不管患者意愿如何，都会换成其他主治医师。日本人很自然地接受"去医院看病"的事实，但是这与全球标准化有些背道而驰。欧美的患者如果知道了真相，应该会很惊愕。为治疗自己的病症而选择的最佳医生，完全与自己不商量就放弃治疗，这不仅违背医疗伦理，也是容易造成人权的侵害。

因此，日本的开业医生是自营业，医院医生则是从属于"公司"的工薪族。

日本是"身份不平等社会"

欧美社会的专家与内勤严格地划分开来，投资银行家、私人银行家与医生和护士一样，都是借用公司名号的自营业者。他们的报酬是成果主义所决定的，如果获得利润，他们会得到比公司社长还高的报酬，如果出现损失会立即被解雇。这并不是"无情"，从自营业者没有雇佣保障来看也无可厚非。

　　但是，日本的公司专家与内勤的工作一体化，让人奇怪的是，从事专业性工作的职员和只做低薪无技术含量工作的职员在公司里被一视同仁。"这是工薪族不是'职业'，而是'身份'"的意思，随着工作方式转变为全球化，也很自然地产生问题。

　　从本质上来说，不能让作为自营业的专家，与内勤一样，用同样的工作指南来工作。不能像评价专家一样，用同样的成果主义来评价机械性工作的内勤。有能力的专家对用同样标准来评价自己（不管怎么努力也没有回报）和内勤的工作感到厌倦，于是他们会很快辞掉工作。而公司里最后只剩下"比起内勤工作稍难一些，但没有作为专家的知识和技能"的不上不下的人才。这些人在日本被称为"全才"。

　　这些状况让经营者们非常烦恼。于是，他们想办法让公司的正式行政职员转变成非正式职员。结果是，日本的公司里，就算从事同样的工作，也有着"正式员工"与"非正式员工"的身份差别。于是，"同工同酬"变成政治议题，但这不仅仅是工资的问题。

　　人们经常认为"欧美企业不遵守员工的雇佣政策"，这是片面的看法。在欧美，内勤工作是"公司的工作"，如果单方面被解雇，就无法生活下去。因此，由于公司业绩不振而导致的暂时解雇（金钱解雇），其手续是被严格规定的，一般来说，尽量兼顾雇佣与生活。

　　但是，日本的内勤工作中的非正式职员只是合同承担人，没有任何雇佣保障，合同到期后会毫无理由地被解雇。如此受虐的工作方式，在发达国家是无法想象的。为什么会这么蛮不讲理呢？这是因为日本的"正式员工的身份"实际上被保护得严严实实，不可能被解雇，而非正式员工的待遇不能和正式员工一样，结果，非正式员工一味地增加，导致雇佣的质量渐渐恶化。

　　为了改变这种状况，政府提议的"加班费零法案"是被批判的高度职业化的劳动制度，其主旨不是削减人工费，而是希望日本公司能明确划分专家和内勤，对专家提供全球化标准的报酬和待遇。但是，这样天经地义的事情为什么不能实现呢？

　　这是因为，工薪族们很讨厌"专家和内勤如果都是正式职员，大家都是平等的"这种一直以来的温水状态被破坏。他们不是反对"加班工资为零"，相反，他们害怕自己得到加班工资。这是因为，如果这样，就证明了自己的工作与非正式员工是相同待遇了。长久以来，安稳占据"正式职员"的既得利益者里的内勤工薪族非常反对这个法案。

　　尽管按件计酬的高工资收入是能够被期待的，但是，作为专家的工薪族也反对此法案是何理由呢？在扎实的雇佣制度中，保障"身份"的基础上，再加上用成果主义来增加收入才是一石二鸟的做法。

　　理由大家都应该明白，原本日本的公司就没有专家。对于他们来说，"专家型的工作会有优厚待遇的法案"不仅毫无意义，而且还会暴露自己不是"专家"，这样说来，他们极力反对也是顺理成章的。

图 15 表示了这种关系，日本的"雇用改革"只能通过增加非正式员工来进行。再过几十年，在日本公司从事内勤工作的人们全部会变成"非正式"，在制度强化上，与提高待遇的欧美一样，也许会成为"可以解雇的公司职员"。如果这样，在公司里残留着的少数正式员工，也会原封不动地变成专家，即"借公司为自己宣传的自营业者"。在这个远大的计划实施之前，日本的公司是否还继续存在着也是个问题。

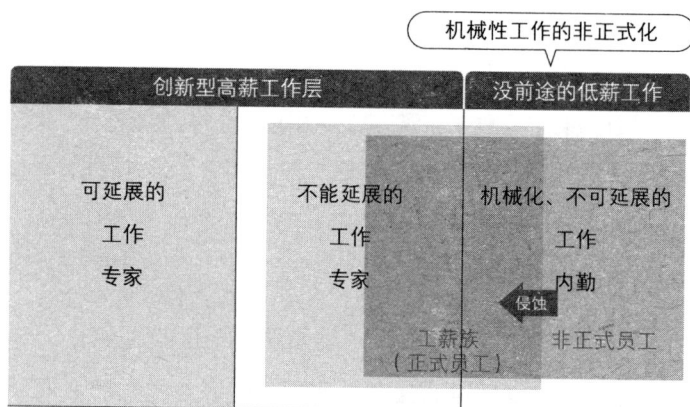

图 15　职务区分与日本雇佣形态的关系

日本人讨厌公司

你可能会认为像这样说明的话，会对"日本式的雇佣"起否定性作用。"与欧美的'冷漠'社会相比，日本的公司对员工还是温暖的。"因此日本人（仅仅是男性）是幸福生活着的。而破坏这种状态的是"新自由主义"和"全球化"，这些"阴谋"葬送了美好的日本式雇佣。国家权力（或者说是民众的力量）惩治恶势力，还存在很多人力图说服大家回到"人们瞳孔里都闪着光辉"的时代。

究竟，这种"神话"是事实吗？

我也写过，这是"在残酷世界生存下去的唯一方式"，我再给大家介绍一下，这也是打碎"日本式雇佣让日本人幸福的"神话的决定性数据。

日本企业研究的泰斗小池和男在《日本产业社会的"神话"》（日本经济新闻出版社）中，列举了1990年举行的日美比较调查、从1988年到2000年间举行的四次电机联合十四国比较调查等，显示了破除"神话"的日本工薪族对公司非常冷漠的感情。

例如，对于"从结果来说，你对现在的工作的满意度怎样"的问题，美国回答"满意"的有34.0%，日本约是其一半的17.8%。回答"不满意"的，美国占4.5%，而日本却达到超过其三倍的15.9%。

对于"如果你的朋友希望进你的公司跟你从事同样的工

作，你会推荐他这个工作吗？”这样的问题，美国有 63.4%
的人表示推荐，而日本只有 18.5%，相反，回答“不推荐”
的，美国占 11.3%，而日本占 27.6%。

"如果你在刚进公司时就已经知道现在的工作状态，那
你还会再一次从事现在的工作吗？”回答“会”的美国人有
69.1%，而日本人约有其三分之一的 23.3%。回答再也不想做
第二次的，美国为 8.0%，日本为 39.6%。

"与你刚入公司时的希望值比，现在的工作你会打及格
吗？”美国人打“及格”的占 33.6%，而日本仅占 5.2%。"不
及格”的回答，美国占 14.0%，日本上升到 62.5%。

在黑心企业蔓延的当今日本，对于这样的结果人们也感
到不意外，能更接受。但是，这种调查是在被称为“日本第
一”的 80 年代后期到 90 年代初期的“日本最辉煌的时代”
进行的（图 16）。

也许有人会反驳，"那是因为日本人对工作的期望值太
高"，考虑到这个条件，日美对工作的满意程度的差别还是太
过于明显。此外，这里虽然没有数据显示，但日本的工薪族
比起美国的劳动者来说，没有任何贡献于社会的想法，也没
有任何对公司依赖的感觉。

小池解释道，"日本公司比美国公司的公司内竞争更加激
烈"。美国的人事制度是从地位和职务上就已经明确地分派好
了业务，而日本的人事是，不能得到同事们的好评就不能出
人头地的压力性制度。对于模糊的标准他们感到不满，但过

激的出人头地游戏又是日本企业竞争力的源泉。

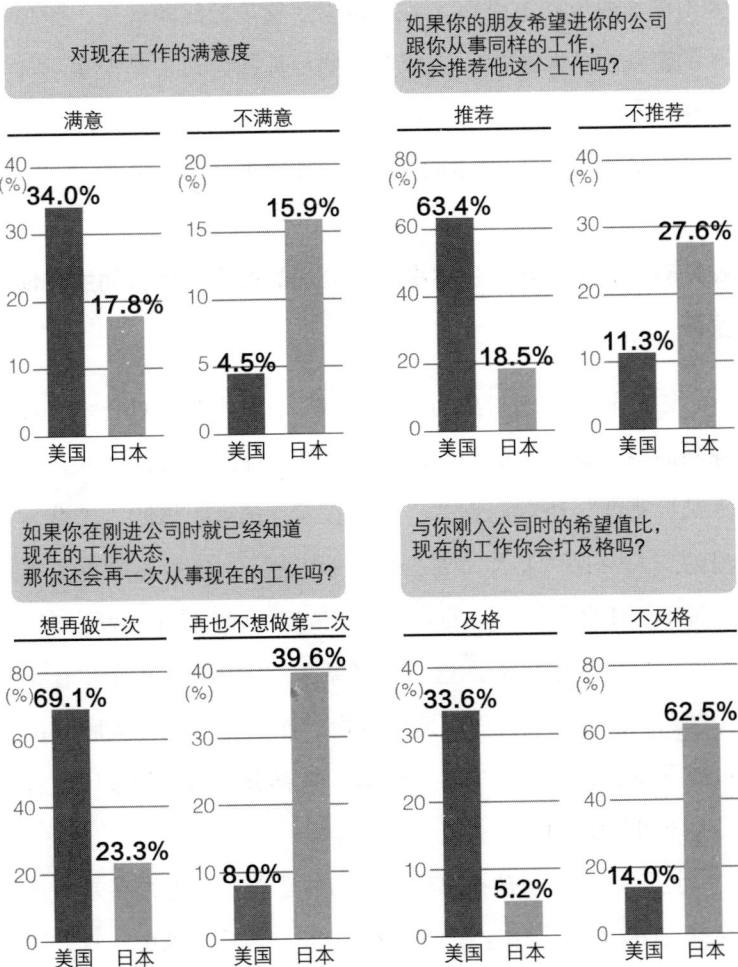

对现在工作的满意度

满意 / 不满意

美国 34.0% 日本 17.8%

美国 4.5% 日本 15.9%

如果你的朋友希望进你的公司跟你从事同样的工作，你会推荐他这个工作吗？

推荐 / 不推荐

美国 63.4% 日本 18.5%

美国 11.3% 日本 27.6%

如果你在刚进公司时就已经知道现在的工作状态，那你还会再一次从事现在的工作吗？

想再做一次 / 再也不想做第二次

美国 69.1% 日本 23.3%

美国 8.0% 日本 39.6%

与你刚入公司时的希望值比，现在的工作你会打及格吗？

及格 / 不及格

美国 33.6% 日本 5.2%

美国 14.0% 日本 62.5%

Lincoln, James R., & Arne L. Kalleberg [1990] Culture, Control, and Commitment A study of work organization and work attitudes in the United States and Japan Cambridge Univ. Press
《日本产业社会的"神话"》小池和男 数据来源 (日本经济新闻出版社)

图 16　日本人过去就一直讨厌公司

（ 20 世纪 80 年代后期到 90 年代初期日本比较调查 ）

不过，这种竞争跟传销一样，以上升的趋势在成长，如果不增加职位就不成立。在经济发展速度减缓的现在，抢椅子的游戏在不断减少，大家都紧紧地抓住公司，情况也更加恶化。

到了2000年，日本的工薪族确实更加讨厌公司了。

在所有发达国家中，日本员工对公司的信任度和劳动生产性最低

这之前，我们指出的是，"日本人（男性）对公司有着强烈的归属感"，最近，显示公司职员对公司忠心的"从业人员敬业度"指数调查中，日本在发达国家中最低，工薪族里的三人中有一个人"对公司表示反感"、日本人"是世界上最不信任自己公司"的等等不合情理的调查结果不断出现。

但是，仔细想来，这也无可厚非，刚毕业的大学生在某个偶然的机会进到公司，刚好这份工作是自己的"天职"的可能性简直就跟彩票中奖一样低，大部分工薪族都领悟到自己是不可能中奖的。

近年来，终于被指出的是，日本经济的问题是劳动生产性低，OECD34个国家中处于第21位，发达7国中一直处于最末位。日本人工作强度过大以致过劳死，一个劳动者所产生的财富（附加值）是72994美元（约768万日元），只有美国劳动者（116871美元）的7成不到（2014年）。这如

果不是日本人的能力比美国人低 3 成，就是日本人的"工作方式"体系有问题。

产生不能完全适应知识社会化、全球化的日本式经营，虽然不得不长时间（无偿加班）工作，但也完全不会有利润。经营者训斥部下没有能力，公司职员憎恨公司，被国际社会批判为"歧视"，日本人的人生接连变得不幸，没有任何幸福可言。

这之后，媒体恐吓年轻人，"如果当不了正式职员，你们的人生就完了"。乘着"社畜　礼赞"的风潮，让正式职员的年轻人无偿加班，在最低工资之下随心所欲地利用员工的黑心企业大批涌出。日本式的雇佣，追求的是以终身雇佣的安稳生活为代价的对公司的忠诚度，黑心企业是放弃雇佣义务，而强行要求员工大公无私。

黑心企业因为违反劳动标准法而被严厉批判，尽管是"一流企业"，公司员工也只是受惠于优厚的待遇和福利。对于无偿加班和长时间劳动的常态化现实，人们通常是睁一只眼闭一只眼。增速缓慢的日本经济也毫不例外地发现了如同瘟疫一样蔓延的黑心企业。这是"经营的革新"，是日本式雇佣的扭曲结构所生下的亲生孩子。

如果我们要认真探讨幸福，首先要直视"工薪族的人生"。

年轻人被给予"优厚待遇"

首先请大家不要误会，虽说日本的公司藏着巨大的病灶是毋庸置疑的，但我并没有说"大家马上脱离工薪族"，"不要再找工作了"。

不但如此，我反而认为年轻优秀的人首先去体验工薪阶层的生活也不算坏。那是因为，现代的日本公司（特别是大企业），与以前相比，给年轻人的待遇更加优厚了。

如果继续写，人们又要问，"电通的过劳自杀事件会怎么发展下去"，这起事件在社会上产生重大影响，被视为"大企业"的那些公司现在不可能再把新毕业的员工逼到自杀的程度。不仅如此，年轻的公司职员工作三年就辞职的话会追究上司的责任，实际上公司也在想方设法地阻止此类事件发生。

为什么会这样呢？大家想一下少子化、老龄化社会是一种什么样的社会就会明白。

超高龄社会中，占多数的高龄者用数量的力量去压抑少数的年轻人，民主政治是服从多数，而在养老金、健康保险等社会保障领域，政治家拼命保护高龄者的既得权益，就是这个原因。但仅仅如此却容易看漏另一个侧面。那就是"数量多的价值低，数量少的价值高"这个市场原理。从这个观点来看，超高龄社会中（优秀的）年轻人的稀少性增加，其价值就会上涨。这在（一部分）大型企业的现实中已经发生了变化。

日本式雇佣的年功序列制度中，年轻人不可能拥有年长的部下，这就阻碍了优秀年轻人的晋升机会。现在也是如此，实际上日本公司在用其他方式来回避这一规则。那就是"去分公司工作"。

日本是"身份制社会"。总公司和分公司之间有着严密的身份规定。因此，如果将总公司的年轻职员调到分公司，就会不用看年功序列制，也能作为年长职员的上司来完成工作。与此不同的还有让不赚钱部门和非盈利部门分公司化，然后通过调中老年的员工到那里工作，为年轻职员们铺平晋升道路。结果，分公司就变成无用人才的聚焦地，当地的员工与（没用的）调动员工之间相互对立，再加上总公司派过来的年轻精英，有时候事情就变得复杂古怪。

做了这么多，让年轻人有优厚待遇都是因为他们是"贵重品"。20多岁的年轻人拥有广泛的选择余地，可以自由跳槽，如果这些都没有的话，那他们会很迅速地辞职。而且，日本公司现在都会将重要工作委任给年轻人。前面说过，"不要期待通过工作来实现自我价值"，但在传统的大型企业中已能体验到（模拟的）自我实现。

日本式雇佣的优势与末路

日本式雇佣的优势，首先是录用新毕业的大学生，降低年轻人的失业率。

根据欧美的雇佣制度，当公司经营困难时，为保障员工的生活会从就职时间较短的年轻员工入手进行裁员。如果经济增长又创造出了更多的就业机会，问题自然不大，但是如果经济长期不景气，年轻人的失业率就会上升。比如意大利、西班牙的青年失业率高达 50%，就连法国也有 25%，数据令人震惊。众多年轻人没有任何工作经验逐渐变老，不用说，这样的社会是不能持续的。

与此相对，在日本，伴随人口减少劳动力严重不足，大学毕业生基本都能找到工作。

这就是我认为"年轻的时候体验一下工薪族也未尝不可"的理由。日本的大学没有职业教育，几乎所有的新员工都是不知道自己的职业适应性就进入公司工作了。这中间，日本式的 OJT（在职培训）就是让年轻人适应做各种各样的工作，这也成为"找寻自我"的有效方法。当然，最初如果决定了想做的事情，那一直在初创企业或中小企业磨炼自己的技术、积累知识就行。

但问题是，日本公司的人事制度是，即使找到了"适合自己的职业"，也有可能被调到自己不擅长的工作部门或与自己毫无关系的工作岗位。这样一来，永远都当不了职业性人才，只会拉开和竞争对手之间的差距。

作为"全才"，同级的人们一齐瞄准了金字塔顶点的公司组织，大部分公司职员会随着年龄的增长而眼看着被搁浅。最近这个时期更早来到，过去据说是"看 50 岁以后才能看得到未来"，而现在听说 40 岁左右，或者 35 岁左右，"甄选"

就已经结束。如果这样，退休前的 20 多年，什么专家都不是的工薪族就必须要忍受一种像"被困住后，只能忍受电击，而毫无还手之力的狗"的封闭公司生活。

如果这么悲惨，那么人生的规划从源头上就是个错误。

35 岁过后人生的选项会骤减，这之前必须制造自己的人力资本。也许是残酷的表达方式，过了 40 岁或者到了 50 岁即便对"工薪族的人生"有所质疑，那也没有其他选择，要说自己能做的，就是拼命地黏着公司，祈祷平安无事地迎来退休和领取退休金和养老金。

而且即便这样，也不能保证幸福的老年生活。如果公司倒闭，那么养老金就会大量损失，如果日本财政破产，那么养老金制度本身也将崩溃。并且，日本人的平均寿命还在继续增长，如今健康的百岁老人也大有人在。

医疗进步大大延长了人的健康寿命，这固然是件好事，但同时也意味着人们在 60 岁退休后，因为已经完全丧失人力资本，在长达 40 年的时间里只能依靠养老金度日。而 20 岁至 60 岁阶段存下的积蓄真的能支撑退休后的漫长 40 年吗？这无异于天方夜谭。

日本公司的"终身雇佣"，实际上就是"超长期雇佣的强制解雇制度"。所谓退休金就是放弃了退休后充实工作的代价。

被年老后破产所威胁的事情已经无法挽回。为了避免这种绝望的未来，我们应该怎么办好呢？下一章我们继续探讨。

第九章　独一无二的最佳战略

　　美国的心理学家安德斯·艾利克森得到柏林艺术大学的协助，将小提琴专业的学生分成三组。第一组是有可能成就世界级独奏家事业的"S级"，第二组是非常优秀但却成不了超级明星的"A级"，第三组是放弃成为演奏家而是以成为小提琴教师为目标的"B级"。艾利克森调查了他们的时间使用方式，发现组与组之间有很大的差异。

优秀的小提琴演奏家都是从独自学习开始

　　在18岁进入一般音乐大学之前，计算他们在练习上所花费的时间，发现"S级"的学生是7410个小时，"A级"的学生是5301个小时，比起"B级（音乐教育专业学生们的平均值）"的3420个小时多很多。这表明顶级水平的学生们在诱惑最多的青少年时代维持着严格的练习日程。

　　你大概会认为这理应如此。但如果去调查一下学生们现在如何练习的话，调查结果很有意思。虽然这三组花在与音乐相关联的活动上的时间都达到了每周 50 个小时以上，并且没有太大差异（花在课上练习的时间几乎是相同的），但是处于前面的两组将这些时间的大半都用在了独自练习上。具体来说一周 24.3 个小时，一天大约 3.5 个小时。与此相对的是 "B 级" 的学生在独自练习上所花费的时间是一周 9.3 个小时，一天大约只有 1.3 个小时，除此之外全部都在集体练习。

对于艾利克森的提问，"S 级" 的学生们是这样回答的："（即使有集体演奏）独自练习才是真正的练习，集体的演奏只是一种 '乐趣'。"（安德斯·艾利克森《成为超一流是才能还是努力？》文艺春秋）

虽然这个调查结果可以解释为 "独自学习较之于团队学习更有效率"，但这种因果关系相反，应该说成 "能力强的人喜欢独自学习"。只不过是一个人喜欢每天弹 3 小时或 4 小时的小提琴，他只是做自己喜欢做的事情而已。

之前我一直在反复强调，不是 "如果你做了就能做得到"，而是 "就算做了也做不到" 才是人类的本性。原因在于，人们 "只热衷于自己喜欢的东西"。换言之，讨厌的事情不管你再怎样努力也不能做到。

这样说的话，也许有人会反驳："难道不是 '功夫不负有心人' 吗？" 但是，（最近不怎么流行了）这句格言说的也是同一个道理。能够坐在那里三年，不正是因为 "喜欢" 吗？如果不是这样，谁也忍受不了这种痛苦。

怎样成为专家

我们在漫长的进化史中，不断地将与自己同年代的男性或女性的竞争对手与自身做"差异化"处理，这种程序在不断精细化。虽然在集团内部这种作用被称为"角色"，但是要说为什么集团的内部必须要有角色设定，原因在于，如果不这样，就不能战胜竞争对手而得到异性，并留下子孙后代。

如果把我们想象成是这种"角色抗争"进化的后裔，那必定我们会极其渴望"引人注目"或者"受到他人好评"。

为了使角色更受瞩目，要在遗传因子里编入怎样的程序呢？事实上这只需要一句话就可以表明：

对喜欢的东西投入所有的人力资本。

仅此而已。

无论是学习，还是体育运动或唱歌跳舞，为什么我们会喜欢呢？原因在于这是自己所擅长的事情，并且热衷于这件事会让自己更加受人瞩目。要说为什么擅长这件事，虽然有遗传上的差异存在，但是这种差异比一般所认为的要小得多，且没有什么影响。也许只是在五六个人的小组中跑得快就喜欢上了体育，或者只是擅长唱歌就想成为青春偶像。然后，这些（遗传的、天生的）微小差异不断扩大，在青春期的时候与自己所"喜欢的东西"要清楚地区别开来，将各自的

"角色"固定化。我们把这些称为人格。

为什么这种微小的差异会不断扩大呢？这是复杂的蝴蝶效应（如果巴西的蝴蝶扇动翅膀就会引起得克萨斯州的龙卷风），但是如果我们把"自己的长处为自己带来快乐"编写进程序中，从初期细小的优越性开始到青春期为止会产生清楚明确的"个性"，对此倒是没必要进行复杂的说明。这样"喜欢的事情就是自己擅长的"，除此之外的都是"怎么做也做不好"的事情。

这样想来，我们要获得自身的专长，战略只有一种，那就是在工作中找到自己喜欢的事情，然后把自己所有的时间和精力都投入到这件事情上。这是因为，我们从懂事以后就一直这样过来的。

向草履虫学习竞争战略

遗憾解散的 SMAP 的歌《世界上唯一的花》一曲中唱到：

无法成为 NO.1 也没关系

原本就是特别的 Only One

日本音乐著作权协会（出）许可第 1705685-701

含蓄的歌词里"NO.1"和"Only One"并非总是对立的。

生物学家稻垣荣洋把这个道理换到生物世界并且进行了巧妙的说明。(《弱者的战略》新潮丛书)

稻垣最初曾这样断言:"生物世界的规律是,只有第一才能生存下来。"

他将草履虫和双小核草履虫这两种草履虫放在同一个水槽中饲养,通过实验来证明这个道理。

无论水和饵料丰富与否,最终只有一种草履虫活了下来,另外一种草履虫被淘汰并逐渐灭亡(图17)。

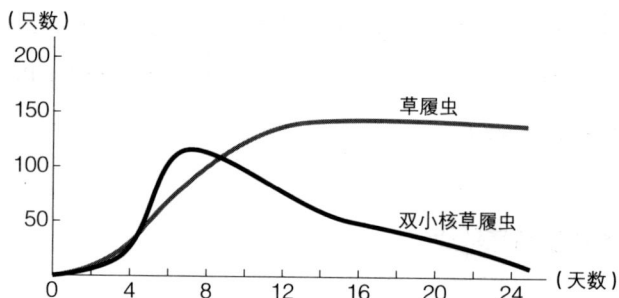

图17　在生物的世界里只有第一才能生存下来

高斯的实验。无论水和饵料丰富与否,只有双小核草履虫生存下来,草履虫被淘汰。

选自稻垣荣洋的《弱者的战略》

虽然生物世界就是"弱肉强食",但这也并非是唯一的规律。在相似的实验中,草履虫和绿草履虫在一个水槽中就能够共存(图18)。

（只数）

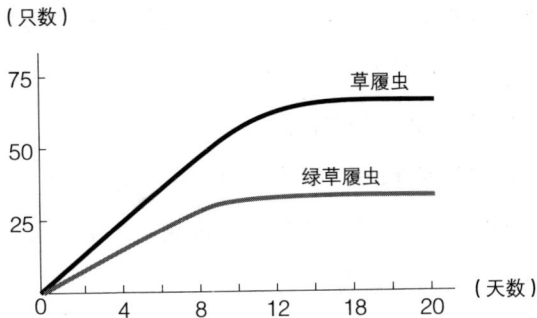

图 18　栖息的场所和饵料不同就能够共存

同样是高斯的实验。草履虫和绿草履虫能够共存。它的理由是因为栖息的场所和饵料不同所导致的。

选自稻垣荣洋的《弱者的战略》

　　为什么会产生这样的差异呢？因为草履虫和绿草履虫栖息的场所以及饵料不同。草履虫生活在水槽的上层，以漂浮的大肠杆菌为食；而绿草履虫生活在水槽的下层，以酵母菌为食。

　　看来，虽然是同一个水槽世界，如果栖息场所和饵料不同，就没有相互竞争的必要，有共存的可能性。这在生态学中被称为"分栖共存生态"，我们称为"生态位"更好理解。这就是通过将生物的栖息场所相互错开来回避竞争，以此确保自己的生态位。

　　在非洲的热带草原上虽然有各种各样的草食性动物，但它们并没有展开殊死搏斗。

　　斑马吃草原上的草，而长颈鹿吃很高的树上的树叶，它们获取食物的场所不同。当然，以草原上的草为食的除了斑马还有很多其他动物。但是，它们中间，马的同类斑马以草尖为食，牛的同类牛羚以尖端下面的草茎和叶为食，鹿的同类汤姆森瞪羚则以离地面很近的低矮部分的树叶为食等等，巧妙地将获取食物的场所分开。

生活在热带草原的白犀牛和黑犀牛也是一样，白犀牛因为嘴较宽则以高度较低的草为食，而另一方面黑犀牛因为嘴较窄则以高度较高的草为食。

这里的关键在于"只要有生态位的存在，就有填补生态位的生物出现"。

我们观察了澳大利亚的生态系统就会明白这其中的规律。众所周知，从欧亚大陆（正确的说法是被称为"冈瓦纳大陆"的超级大陆）分离出去的澳大利亚的哺乳类动物只有有袋类动物的祖先存在。因此有袋类动物就和其他的哺乳类动物之间没有竞争，就像是填补上了拼图游戏的空白一样完成了进化。

在其他大陆上被像鹿之类的动物占据的大型食草类动物的生态位中出现了袋鼠。老鼠的生态位上有袋狼，鼯鼠的生态位上有蜜袋鼯，像狼那样的肉食动物的生态位上有袋狼，鼹鼠的生态位上有袋鼹鼠填补，像树懒这种特殊的生态位上只有树袋熊进化到了这个位置。顺便说一下，树懒以完全不动的高端战略，在拥有优秀动态视力的猎豹面前隐藏自己的身体，同时以草食性动物根本不理睬的有毒的树叶为食，以此来降低寻找食物的成本，并将能量的消耗降到最低（以竹叶为食的熊猫也是采取相同战略的动物）。

陆地和水中都有着许许多多的生物，虽然找到"只属于自己的生态位"并不容易，于是就出现了像水黾一样浮在水面上生存的战略性生物。

像这样，稻垣谈到，自然界中的一切生物都是独一无二的，并且都是第一。反过来说，现存的生物包括昆虫和微生物，在漫长的进化史中找到了"只属于自己的生态位"，没有找到的那些生物全都灭绝了。

弱者的三个战略

自然界中生物的战略在思考商业战略时也起作用。这并不是"以生物为比喻谈商业"。生物虽然有40亿年的漫长进化史，但同时也是围绕"第一"而进行激烈竞争的历史。在进化过程中，人类的智慧所能想到的"战略"已经全部被尝试过。

例如，弱者和强者之间的最佳战略不同。

即使找到了"只属于自己的生态位"，也并非能永远在此位置上"安居乐业"。因为如果强者与弱者战斗，强者一定会胜利，所以最佳战略是弱者深入自己开拓的生态位，并扩展自己的栖息场所。

对应到商业上，就是大企业想要扩大市场占有率最简单的方法就是，模仿中小企业并抢夺它们所开拓的新兴市场。但如果这样做，弱者就只有灭亡。事实上并非如此，为了生存下去，他们也有"弱者的战略"。

稻垣总结为以下三点。

1. 在小平台分胜负

对于强者来说能够侵略的生态位存在着"规模小"这个物理界限。弱者要利用起这一点,通过将身体变小来抵御强者的入侵。昆虫可以很高明地使用这个战略,同样在商业上,自营业,以至于家族企业能够通过缩小规模来找到大企业无法接触到的商业空间。

2. 善用复杂性

在日本战国时期的混战中,如果是平原战斗,那么拥有更多兵力的强者就会有压倒性的优势。因此弱者在险峻的高山或谷地中构筑城池,利用复杂的地形等待时机逆转。

这也是"规则简单的游戏对强者有利"的道理。

里约奥运会的田径项目就是最好的例子,虽然在100米短跑的比赛中日本选手完全没有人能敌得过尤塞恩·博尔特,但是在通过接力棒的交接使比赛复杂化的400米接力赛中,就能够和牙买加队进行势均力敌的较量。

拿到商业领域就是,中下企业可以避开大企业所擅长的大批量生产,另辟蹊径,适当小批量推出一些特殊规格的商品,这种以复杂化市场为生态位的战略不失为一种办法。

3. 喜欢变化

刚才的复杂性是地形(平面),这里是时间轴的复杂性,即预测的困难性。

　　既然生物所处的环境是一直安定的，那么强者就能够通过组合各种战略，花费时间来夺取弱者的生态位。虽然没有变化的安定环境对于生物来说更好生存，但实际上能够在那里栖息的生物的数量是很少的。即使像海洋、陆地、天空这样巨大的空间是安定的，能够在那里生存的也只有成为第一的强者罢了。

　　美国的生态学家康奈尔提出该观点并称之为"中度干扰假说"。根据这个假说，干扰（变化）的程度较低的话能够栖息的生物也较少，变化变得激烈的话能够栖息的生物会增加。但是如果超越了一定的阈值生物就无法适应过大的变化，能够栖息的生物数量就会又一次减少（图19）。

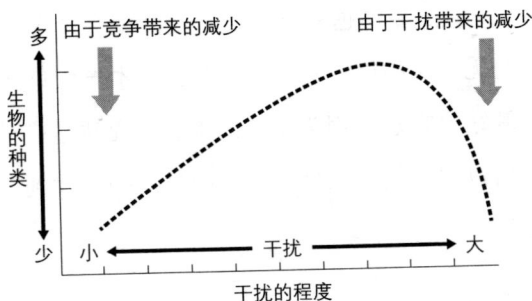

图19　康奈尔的"中度干扰假说"

变化很少的时候（左）强者使得生存下来的生物种类减少。另一方面，环境变化的巨大干扰期也会使能够栖息的生物种类减少。

选自稻垣荣洋的《弱者的战略》

弱者中也有先驱者（开拓者）。在一些极其严酷变化不可预知的环境里生存，是因为那里的敌人比较少。

这种被称为先驱植物的植物在土质坚硬、水和养分都不足的环境中也可以成长。先驱植物通过扎根将土细化，改善土壤的通气性和保水性。同时还可以将枯死的茎和叶分解成为肥料，让许多昆虫和微生物定居并逐渐使土地变得肥沃。

但讽刺的是，根据这个理论，当强大的植物入侵的时候，没有竞争力的先驱植物却会被驱赶。终究被绿色覆盖，并成为生物们的乐园的环境里没有先驱植物们的生态位。在自然界里，无论是谁的既得权力都不会受到保护。

这样一来，先驱植物就要去寻求新的未开发的土地（先驱者），让种子乘风飞行。

这个事例也表明，"越是变化激烈的环境，对于弱者来说越有机会"。世界变得越复杂，生存空间就会越多。在商业世界里，身无分文的年轻人依靠着自己的才能在 IT 界挑战的事例就是最好的典型。因为笨重的大企业无法适应科技急速的进步，所以弱者能够在这些空隙中见缝插针找到可以获得利益的机会。

公司为何不控制一切

读到这里，我想有人会烦恼是应该狠下心辞职，还是继续做个普通的公司职员。这个烦恼与"买房还是租房"一样，都是人生中需要作出重大决定的问题，这也和大多数棘手的问题一样，并没有完全正确的答案。

社会上为什么会有公司呢？这个问题完全可以用近代经济学之父亚当·斯密通俗易懂的回答来解释。那是因为，分工合作效率高。

假如一个人要造汽车的话，要先从挖掘铁矿石开始。那么即使过了一辈子，可能也只能作出一个玩具一样的汽车。

相反，现代大规模的汽车制造商一年甚至可以制造出1000万台精巧的汽车。能够实现这样的奇迹，是因为从上游（炼铁、石油化工等原料产业）到下游（流通、销售），各种各样的公司聚集起来，相互联系分工合作。

我们所生活的繁荣的社会，以股份公司为中心被高度的分工合作体系所支撑着，到这里如果全部都理解的话，会不会产生下面这样的疑问呢？

公司那样有效率的话，为什么不是所有的业务都在大公司里进行呢？

首先思考这个问题的是罗纳德·哈里·科斯。他生于英国普通的工人阶级家庭，最初想成为历史学家，由于不会拉丁语而放弃。虽然他专修经济学，但是很不擅长数学，他研究福特公司和美国钢铁公司等美国大企业的组织机构，选择了其他经济学家都非常轻视的领域（生态位）。于是他在1991年获得了诺贝尔经济学奖。

科斯的疑问是，"组织内部怎么决定，什么事情应该内部解决，什么事情应该在市场上交易"。对这个问题他的答案非常简单，那就是"效率最大化的方案"。

机构的交易成本大于市场的交易成本

科斯说："虽然机构间的分工合作有效率，但是不一定会超过市场的效率。"

在亚当·斯密所认为的"看不见的手"所掌控的完美世界里，交易价格高于市场价格的情况是不会发生的。在这个理想世界里，因为分工合作的程度越高，效率就越高，最终会像科幻片描绘的那样，地球上只有一个全球化的大公司，即由政府管理一切（生态学上叫作"平坦没有变化的世界"）。

但是任何一个商人都知道，事情没有那么简单。因为所有的交易都包括所交易的东西本身与其他各种费用的追加。这样的费用叫作"交易成本"。

典型的交易成本产生于组织和外部的供应商之间。苹果公司采购 iPhone 零部件的合同书有 1000 多页的内容，这给采购方和供应方都造成了很大的负担。因为从资源价格的变动到销售，市场上有各种各样的不确定性。有意外情况发生的时候，想要按照合同公平地处理，是极其麻烦的。

科斯认为，对公司来说市场的交易价格会比预想的高。那么效率至上的公司很有可能尽力把市场交易内部化。

那么，苹果公司为什么要把制造部门全部外包呢？原因只有一个。因为公司组织内部的交易成本远远大于市场的交易成本。

科斯的智慧不仅在于认识到所有交易都会产生成本，就像物理学中的摩擦力一样普遍。他进一步指出，交易成本将伴随组织的复杂程度呈几何级递增。因此不断扩大产品数量和员工人数的自我繁殖型公司早晚会被内部交易成本压垮。

科斯在 1937 年把这个定理发表在了英国的学术杂志《经济》上，当时美国的很多经济学家被苏维埃的计划经济所吸引。但是在冷战结束的半个世纪以前，科斯的"交易成本理论"就正确地预测了既庞大又复杂的苏维埃经济必然会自我灭亡。

大型企业无法技术革新

现代社会是知识型的社会，企业为了生存，创新是必不可少的。但是现实是从汉堡到优衣库的服装各种商品和服务都已经被定型。这一现象也可以用科斯的"交易成本理论"解释。在组织中"标准化生产会减少费用，按照客户要求定制会增加费用"。

根据这个定理，追求利润最大化的经营者会抑制创新，所有业务都必须标准化地进行。麦当劳就贯彻了这一理念，也正因此麦当劳从地方性的小型汉堡连锁店成长为世界性的大企业。为了追求效率必须抑制创新，不只是企业，军队和官僚也是如此。战斗的时候，士兵如果不服从命令随意行动，军队就会陷入大混乱。在大型组织中会彻底压制构成人员的个性，像机器人一样工作才会正常运转。

但是另一方面，什么变化都没有保持原样，企业也许不久就会腐坏。如果赶不上时代变化、不开发新的产品和服务，就会被迫退出市场。这样的组织会陷入一边抑制创新，一边想要实现创新的难题中。

这个难题的解决方法之一是，"把革新交给普通组织结构中独立的小团体"。1943 年洛克希德公司一个叫作 "臭鼬工厂" 的开发项目取得了巨大成功，吸引了人们的注意。在那之后，像麦当劳这样的大规模的复杂组织开始不断运用臭鼬工厂的理论，"有成功就有失败" 这一理论变得人尽皆知。

失败的原因是，小组做事的时候不能过分自由，开发出来的产品不完全适合现实的市场。过于高深的想法，只会制造出更多的成本。

现在企业的 R&D（研究开发）把市场和销售部门联合起来管理顾客购买的商品。但是如果这一环节过分自由就要压制创新，向销售部门说明要 "开发" 陈旧的产品是很容易的。虽然经营者和管理者可能都知道，但是权衡到管理主义和革新性，想要并存是不可能的，不用说也知道很困难。（雷·菲斯曼、提姆·萨利班《公司中意外是合理的》日本经济报纸出版社）

从外部引进技术革新

创新与回报是困扰大型企业的一对矛盾。为了创造出划时代的革新，必须要积极地制造风险。蓝海（没有竞争对手的独占市场）往往存在于那些因为法律、道德、财务等方面原因他人无法参与的生态位。

这是日本的公司在革新竞争中落后的第一个原因。创造划时代的产品或服务时失败的可能性会很高，在终身雇佣制的公司中，一旦失败，就会剥夺员工这一辈子上升的可能性。

第二个原因是，如果风险很大，就算革新成功了，也不能得到相应的回报。有着"正式社员互助会"的日本公司，管理着一部分员工的领导者的工资也不可能超过董事长（这个矛盾因发光二极管发明的诉讼为人们所知）。

这样的日本雇佣制度，会诱导员工认为"冒风险是毫无价值的"。日本没有发生划时代的技术革新，在追赶欧美（硅谷）的过程中，惨遭中国、韩国的新兴企业收购也是原因之一。

我认为，这个问题的解决方法只有两个：

一个是经营者冒着风险进行革新。当然，如果是自己创业的经营者，就没有组织或机构的捆绑束缚，他们成功了，就能坦坦荡荡地接受猛涨的回报。说到这里，我马上想到几个日本著名的经营者，他们都和欧美企业家一样，苹果、谷歌、脸书等成功的 IT 企业都是由天才企业家引领的（曾经的微软也是一样）。

如果这个规律正确，官僚化的企业中是无法诞生创新的。尤其在日本的公司中，董事长是"正式员工的代表"，他们只需要不犯大错，维持好"员工共同体"就算完成使命了，所以原则上不可能去冒险。

但是这样的公司不创新也无法生存。这个时候恐怕只有一个选择——把创新委托给其他公司（外包化）。

这样的话，风险由外包公司承担，纵使失败了，也能通过解约简单解决。

另一方面如果创新取得成功的话，根据合同也可以取得成果。这时，即使支付比员工工资还高的报酬，也不会扰乱公司的和气。

导致交易成本最大化的大型企业放弃了创新，转而进行风险投资，收购那些已取得成绩的初创企业。这是美国大型IT公司也经常使用的做法。日本和美国一样，企业组织官僚化后不能开展定型化业务以外的其他业务。于是他们把风险外包给别人，以维持自身发展。相应的，初创公司的退出策略也转变为了让企业上市然后卖给大企业。

再加上日本的公司还有很多固有的问题。要产生划时代的创意，需要拥有不同文化背景的人相互碰撞思想，发生"化学反应"，但是日本的组织有很高的相似性，大企业的董事大致都有"日本人、男性、老年人、名牌大学毕业"这样的属性。无论聚集多少有相同想法的人，这些人都不会创造出新的东西（Something New）。

就像这样，在高级的复杂的知识型社会中，创新的工作基本都被"外包化"了。

通向自由人（Free agent）之路

创新的外包化不仅指技术，也包括产品。音乐也好，影像也好，广告也好，各领域的大型企业受累于高昂的交易成本已经无力雇用创作者（产品制作者），急速转变成了单纯由销售和中间商构成的组织。结果就是，拥有产品的个人和事务所的话语权提升，在一些专业性很高的领域，"大象的尾巴抡起身体"这样的事情也并不罕见。以前是可以取代的"承包"，但是在当今的知识型社会中需要非常特殊的内容，外包方已经被可替代。

如果掌握专业技能的人（专业的）在组织中具有优势是必然的，那怎样才能同时实现"收益最大化"和"自我实现"呢？

在这里，我总结了一些基本策略：

1. 对感兴趣的东西投入所有的人力资本。

2. 寻找能让兴趣货币化（商业化）的生态位。

3. 与官僚化组织开展交易，获取收益。

这并不是不切实际的理论。日本有许多优秀的年轻人在20多岁创业，自行开发游戏和 APP 等，这已经不是什么稀奇的事了。要说为什么他们会选择这条道路，是因为他们知道身边人的成功经验。

当然在日本未必会产生像硅谷一样价值几千亿日元、几兆日元的大型商业中心。但如果是名牌大学的学生，可能会从关系好的前辈那里听到"如果建立一个软件公司，第三年就会以 5 亿日元的价格被大企业收购"。日本的市场和世界市场比起来一直都很小，即使是这样，如果有很好的运气和才能的话，很年轻就成为"亿万富翁"的情况也是有的。

如果你还是 20 多岁的人，那么到 35 岁之前，你必须要做的就是，通过不断摸索找到能发挥自身专业性（感兴趣的东西）的生态位。除去公司中极少数得天独厚能够发挥自己专业性的人，一个人在人生某一处的时间点上离开现在的组织，利用知识、技术、产品的力量与大型组织进行交易的"自由人"化成了高度知识型社会的基本战略。因为有退休年龄这个"强制解雇制度"，无论是谁都摆脱不了被赶出公司的命运。

而且只有这个战略可以在社会知识型化与时代激变中适应超老龄化的现象。关于自由人和幸福，会继续在第三部分中深入探讨。

第十章　超高龄社会的唯一战略

随着琳达·格拉顿和安德鲁·斯科特的《LIFE SHIFT 100年人生战略》（东洋经济新报社）成为一个热点话题，在这个活到 100 岁已经变得不稀奇的社会，当然有必要制定和以前不同的战略。但是，虽然这么说，至今为止的讨论也没有作出任何改变。不管年纪有多大，人生的基础都只会是金融资产、人力资本和社会资本这三个。

日本人的平均寿命是多长

根据标准的金融理论，在晚年的人生设计中，重要的是要知道自己的平均剩余寿命。日本人的平均寿命，男性是 80.79 岁，女性是 87.05 岁，但是这也并不意味着你提前计划到这个年龄就可以了。

平均寿命是指，包括出生后直接死亡的婴幼儿在内的全部日本人的寿命平均值。已经活到 50 岁后，意味着可以忽视之前的死亡率不计，所以 50 岁以上人群的寿命要比日本人整体平均寿命更长，50 岁以上男性的平均剩余寿命为 32.39 岁，50 岁以上女性的平均剩余寿命为 38.13 岁。当然这并不是说一旦达到平均剩余寿命就结束了，纵然达到了所谓的"天寿"年龄（男性 80 岁、女性 85 岁），还会有至少 8 年的剩余寿命（表 3）。

表 3　50 岁以后的平均剩余寿命

年龄	男	女
50	32.39	38.13
55	27.89	33.45
60	23.55	28.83
65	19.46	24.31
70	15.64	19.92
75	12.09	15.71
80	8.89	11.79
85	6.31	8.40
90	4.38	5.70

选自厚生劳动省《2015 年简易生命表》

那么，我们到底要提前计划到多少岁才算比较好呢？在这里我们一起来看看 50 岁过后 5 年间的生存率。

50 岁的男性存活到 55 岁的概率是 98.06%，女性是 98.99%。

虽然织田信长曾经感叹"人生五十年"，但是在日本这个世界上屈指可数的长寿社会中，根本没有必要去考虑到 50 岁就死亡这件事。因为男性活到 65 岁、女性活到 70 岁的比例占据了生存率的九成。但之后，生存率急速下降，男性 80 岁，女性 85 岁的比例变成了一半以下，而超过 100 岁的比例大致为 0（表 4）。即使我们上了年纪，也不会轻易死去。

表 4　50 岁以后的 5 年间的生存率

年龄	男	女
50	98.06%	98.99%
55	95.08%	97.54%
60	90.60%	95.53%
65	83.95%	92.59%
70	74.87%	88.09%
75	61.24%	80.40%
80	42.45%	67.21%
85	22.46%	46.93%
90	7.17%	22.90%
95	1.06%	5.94%
100~	0.03%	0.41%

选自厚生劳动省《2012 年人口动态调查》

"晚年问题"就是指晚年太长

接下来，让我们来定义"晚年是什么"。这其实十分简单，晚年就是指"完全丧失人力资本的状态"。

我们获得财富的方法理论上只有两种：一个是在劳动市场投资人力资本，换言之就是通过工作赚钱；另一个方法是在金融市场投资金融资本，也就是资产运用。由于大多数的工薪族随着退休年龄的到来，除退休金以外的定期收入就没有了，因此人力资本也就变为了零，之后除了从金融市场中获取财富外就别无他法——"到了晚年每个人都是单独投资者"（虽这么说，但其实大部分的"投资"是以养老金的形式外包给日本政府进行管理的）。

在这里重要的是"你可以根据自己的意志来延长或缩短晚年"，如果在 50 岁提前退休的话就会过上更长的晚年生活，当然，如果到了 80 岁还在职工作，晚年生活自然就变短了。

为了维持漫长的晚年生活，更多的金融资本就变得很有必要。如果晚年比较短，金融资本就不用这么多。

所谓晚年问题是指人丧失人力资本后的状态过长。那样的话，消除对晚年的经济性不安感的最简单的方法就是缩短晚年的时间。

从财务顾问那里得知，"为了能在 100 年的人生中安心地度过晚年，在退休的时候最低储存 5000 万日元是必要的"，所以也存在着劝说别人向高风险的金融商品投资的人。但是在这里，即使在 60 岁以后，如果能依靠积累下的知识和技能（专业性）每年赚到 200 万日元，那么，让我们一直工作到80 岁吧。

这样一来（从 60 岁到 80 岁）这 20 年间就能获得 4000万元日元的收入，晚年（81 岁到 100 岁）也能缩短到 20 年。

正如你可以从这个单纯的例子看出，如果"终生在职"的话就不会有晚年问题了。如果能够维持夫妻共有的人力资本的话收入就会更多，生活也会变得更安稳。这样考虑的话，就不会有比"夫妻同时终身工作"更好的人生计划了。

如果将 80 岁作为健康寿命，终身工作就是指要从 20 岁开始工作 60 年。此外，任何人都无法 60 年都一直从事着讨厌的工作吧。相反，如果明确了"喜欢的事情"，运用以前的经验和知识，那么在退休后也能开创新事业，享受"第二春"。此外，即便日本财政破产，无法获得养老金，利用人力资本所产生的财富也是能够支撑生活的。

100 年的人生战略取决于如何长期维持人力资本，因此，"从事喜欢的工作"是唯一的选择。

如果到了 60 岁、70 多岁还不知道能不能维持人力资本，那么超高龄社会的差距就会变得更大。我们被扔进了一个除了"从事自己喜欢的工作"之外就无法生存的残酷的世界。

第四部分

社会资本带来幸福

第十一章 朋友是什么

社会资本是与金融资产、人力资本并列的 "人生资产组合" 中的又一支柱。

它是人际关系，换言之也就是 "联系" 的意思。与金融资产相比自不必说，就算与人力资本相比，社会资本也是更难量化的。但是社会资本却承载着重大使命，那就是：

"幸福" 只能从社会资本中产生。

即使拥有万贯财富，如果没有人知道这件事，那些钱也只不过是纸片或者电脑数据而已。

人力资本在 "实现自我" 上是必需的，但是它也依存于在公司内和社会上的高度评价。

为什么 "联系" 可以产生幸福感？我们只能这样回答，"因为在长期的进化过程中人类就是这样被创造出来的"。

婴儿的哭泣就是在向妈妈传递 "我需要帮助" 的信息，

这并非是通过文化性的学习得到的。如果肚子饿了就会有一种"难过的感觉"，这是因为提高声音、流眼泪这样的程序被编入了基因。同样的，在生气、高兴这类感情的基础上，稍稍实施一些动作就能够获得利益，也就有了"进化论的合理性"——即使被夺取了自己的食物也不生气的个体，是无法被伙伴好好对待并留下子孙后代的。

那样的话，"幸福"这种情感应该也同样是进化论合理性的产物。始终作为社会性动物的人类在家人和同事间感受到"牢固的联系"，并且拥有在共同体中获得好评时会感到幸福这种与生俱来的行为。

这样想的话，"变得幸福的方法"在理论上是非常容易的。作为社会资本的最适当投入，还是设计出能够最大程度上输出幸福感的人生比较好。

但是，这种事情果真有可能实现吗？在考虑这件事之前，首先要看到在我们的社会中"联系"是如何形成的。因为这是考虑社会资本的基础，而且在《（日本人）》（幻冬舍文库）中已经谈到过，已经读过的人就请粗略地读一下吧。

三种世界

我们并非生活在均匀的社会空间中，人际关系有着显著的浓淡之分，我们分别称之为"爱情空间""友情空间""货币空间"，其中"爱情空间"和"友情空间"又统称为"政治空间"。

对我们来说最重要的当然是和家庭和爱人的关系，这就是爱情空间。在爱情空间周围存在着亲近朋友之间才有的友情空间。

在友情空间的周围存在着"不是朋友但也不是陌生人"的人际关系。这种包含前辈和后辈、上司和部下之类的交往关系的空间就是政治空间。换作以前就是指互赠贺年卡的那种关系，现在都变成了类似在 Line 和脸书这类社交软件上的"朋友"关系。

在"朋友"聚集的学校，霸凌成为一项严重的社会问题。同时，在前辈和后辈构成的共同体——公司中，权力骚扰、过劳死和过劳自杀的现象也正在蔓延。政治空间不是田园诗般的理想世界，而是"敌人和伙伴"并存的杀伐世界。

在这个政治空间的对面，广阔的"他人"世界一直在扩大。这中间就包括每天打招呼的果蔬店的老爷爷、只在电视上出现过的叙利亚难民这一类人，与我们的家人和朋友相比，我们对他们的事情几乎毫不在意。

虽然这么说，我们的生活并非与他们完全没有关系。地球被市场覆盖，人们以货币为媒介联结在一起。你在超市的大甩卖中买到的毛衣，面料很有可能是在非洲编织而成的。由他人制作而成，再通过货币联结，这就是这个世界的货币空间。

爱情空间是由 2～5 人组成的小规模人际关系，半径大概十米。人类从远古时期开始就一直持续不断地讲述着爱情空间的事情。不管是小说、电影还是音乐，无论什么都能把"爱"作为主题。

友情空间是指最多由 20~30 人组成的，半径大约 100 米的人际关系。在地方的年轻人，称呼由初中或高中的同级生组成的一行伙伴为"日常成员"。

而到了政治空间，登场人物的范围就扩大到了 150 人甚至更多，这是人类与生俱来的能够认识个人的一个界限。

由于旧石器时代的人类在以家族、血缘作为核心的部族共同体中出生、成长、孕育孩子、终结一生，所以不需要单独认识以上所说的"伙伴"关系——当一下子扩张到了国家单位，这就变成了国家主义。

一方面，因为货币空间是以货币为媒介的，无论是谁都可以联结起来，所以理论上它的范围可以是无限大。假如外星人访问地球并开始了交易，货币空间也将扩大到全宇宙吧。不过，与这种广大相比，我们人生中的货币空间的价值实在是太小了。如果爱情空间占据人生的 80%，那货币空间只占据 1%（剩下的 19% 是友情空间）。

这样一来，爱情空间、友情空间、货币空间的大小和价值便会如指数函数般逆转（图 20）。

我们的爱情空间之所以有着最高价值，是因为这样做最适合进化论。

人际关系的主观分量　　　人际关系的客观范围

货币空间

政治空间

友情空间

爱情空间

货币空间

友情空间

政治空间

爱情空间

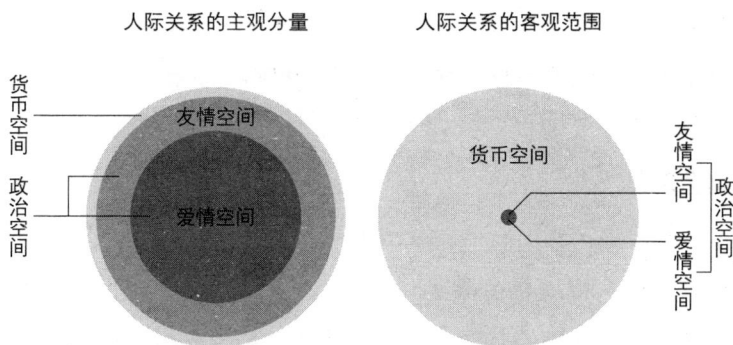

图 20　人际关系的主观和客观

　　哺乳类和灵长类动物自不必说，就连鱼鸟也只特别对待自己的孩子，无视其他的孩子。即使有牺牲家人去帮助他人这种博爱的个体存在，那么他们在淘汰的过程中应该也很早就已经灭绝了吧。

　　人类社会是由亲族的关系网构成的，并且家庭的自治被广泛认可（国家被禁止随意介入家庭中）。不理会别人的困扰，优先考虑家人的幸福，这样做不会受到任何人的指责。这是人类社会中共通的普遍规律（Human Universal's 人类通用）。

　　友情空间很重要，因为人类是社会性动物。在狩猎采集的时代，人类的祖先在恶劣的自然环境中都是通过群居的方式保护自己。被从群体中驱逐出去的话就意味着死亡。人，仅凭自己是无法生存下去的。

　　以下就来说明，为什么孩子们对受人排挤这件事本能地持有一种强烈的恐惧感。 在叛逆期的时候， 比起家庭的规矩，孩子们会更优先考虑朋友这个群体的规则。 正因如此， 他们不愿意听家长和老师这些大人们说教， 如果强制他们听从，就会遭到激烈反抗。

这要追溯到旧石器时代或者更早的猿人还没完全分化的时候， 这大概就是宿命吧 （因此， "你没有朋友吧" 就成了实施霸凌时常用的套话）。 人们常说 "最近的孩子们都没有叛逆期了"， 这不是孩子变了， 而是因为父母变得善解人意，不再介入孩子们的朋友群体中了。

对此， 货币空间首次通过农耕和交易的方式成立起来，这仅仅是数千年的历史。 这就是人们只在货币空间里承认它的价值的理由。 根据进化史的分量， 与爱情和友情 （伙伴意识） 这种古老的人际关系相比， 我们无法通过货币正确认识新关系的重要性。

友情的核心是相互平等

接下来让我们来定义日本社会中的 "朋友"。 它有时候是指在学校中由于是同一个班级而偶然产生的人际关系。 在这中间有着很严密的规则， 即使在同一所学校， 如果不是一个年级是不能成为 "朋友" 关系的 （应该称呼前辈、 后辈），而且也没有将初中的 "朋友" 和高中的 "朋友" 混在一起的情况。

地方的 "温和的北方佬" 是指用 "日常成员" 这样的社会资本来补充匮乏的金融资产和人力资本的人。他们之所以绝不会离开自己原居住地，是因为他们知道如果不能共享同一片空气的话，友情就会枯竭。朋友是不只在时间上排他，就连在空间上也具有排他性的人际关系。即使偶尔成为朋友，如果学校变了朋友关系也会被重置。如果升学到私立学校或者因为上大学要离开原居住地，原来的友情就会逐渐消失。因为不同的朋友关系也会彼此排除。

地球上生存着几十亿人，我们只和满足极其限定的条件的人做朋友。而且，即使成了朋友，由于维护朋友这种关系更加困难，拥有 "朋友" 这件事本身就是一个奇迹。

如此一来，人在 40 岁以后朋友就会急速地减少。我知道几个正在烦恼 "一个朋友都没有" 的人，他们从地方来到东京，从事着自营业工作。因为在与日本式的朋友关系完全断绝的地方生活着，自然没有什么朋友，所以完全没必要怀疑 "难道自己性格不好""是不是自己的生活方式不对" 之类。如果非要说哪儿不对劲，那也是日本社会本身有问题。

但是，虽说如此，即使上了年纪也被朋友环绕着的人也是存在的。这些人如果不是延续了和学生时代的本地朋友的关系，那恐怕就是延续了与同期进入公司的人的朋友关系。为什么这么说呢？因为这只是残留在日本都市中的非常稀少的 "友情空间"。

朋友关系的核心是什么呢？一句话概括就是 "平等

体验"。

在小学、初中或者高中的入学仪式后，同一个班的学生们首次聚在一起，此时大家是"平等"的。当然注意区分的话学生中自然有的富有、有的贫穷，有的聪明可爱、有的招人烦，但重要的是主观体验，每个人都感觉自己身处班级这个共同体中，是其中的一分子。正因为彼此关系中存在这种共同体验，"友情"才得以成立。

那样的话，与同期进入公司的人（当然也包括同期参军的人）产生朋友意识也就不那么难以想象。正因为日本的公司也知道这一点，他们才会追求统一录用新毕业生，而不愿意录用中途入社的，并且绞尽脑汁地要维持由于同期进入而被阶层化的员工共同体。

这么一想，就能够理解为什么在日本的公司，去除正式员工和非正式员工之间的"身份差别"是如此困难。如果是"身份"不同的人在中途加入了共同体，平等体验就无法形成，同时作为组织主体部分的同期的朋友关系也会崩溃。大企业和公务员的工会之所以坚决反对"雇佣改革"，并且紧紧咬住具有歧视意味的日本雇佣制，大概就是为了保护既得权利，（本人是否意识到姑且不论）也是不想"失去朋友"吧。

我们理解了进公司时有着相同经历的同期职员是朋友，那么"妈妈朋友"又是怎么发展朋友关系的呢？当然，每位妈妈的年龄、生活和工作的有无都有所不同。

但是，她们都有着"平等体验"。那就是孩子们年龄相仿，并且在同一所学校、同一个班级。

　　妈妈朋友的特点是，互相不会用名字来称呼，而会用孩子的名字来沟通交流，比如说，"小健妈妈""小茜妈妈"等等。要维持妈妈之间的关系，就必须经常以孩子为主体。（通过宠物也能形成相同的朋友关系，这时，就会相互称呼对方是"波季妈妈"等等。）

　　日本的都市一般来说，在以工薪族＋专业家庭主妇为核心的小家庭中，丈夫属于公司共同体的"同期生的朋友圈"，妻子和孩子一起属于"妈妈朋友圈"。这跟一个家庭里二世同堂一样，就算丈夫去地方或者国外单身赴任，家庭也会毫无问题地维持下去。

"市场的伦理"和"统治的伦理"

　　金融资产、人力资本、社会资本三者兼备的"超级充实派"的人生财产组合固然很理想，但是并不现实。在这里就从政治空间（爱情空间）同货币空间的对立开始，对不能实现的理由进行说明。

　　我们会不自觉地认为"金钱是肮脏的"。但是为什么我们会产生这种奇怪的心理呢？大家明明都知道没有钱是无法生存下去的。

　　这是因为金钱会破坏爱情、亲情等具有重要价值的东西。

　　在朋友家做客，带去的不是礼物而是现金的话，朋友一定会大吃一惊。和恋人约会，做爱之后支付两千块的话就成了嫖妓行为。但是要是给一个价值两千块的戒指，对方会非常欣喜。

这是因为在挑选礼物的过程中是倾注了爱情的。因此我们在中元节、年终赠送礼物时也会把现金特意换成商品券。其实出于礼仪性的互赠礼物和爱情等并没有关系，如果赠送现金的话受赠人可以在任何一家店自由消费，尽管如此人们还是愿意选择把金钱换成商品券赠予对方这种不方便的方式。

当然，我们并非不接受现金。不仅如此，我们还会因为工资降低、养老金下调等大闹一气。虽然想要钱，但是被赠予钱的话就立马生气。这是因为，在我们的社会里存在一个不成文的规则——爱情和友情不能和钱扯上关系。

在非常亲密的关系里，金钱必须换成物品（礼物），不能因为妻子给我做家务就给她钱（而代之以邀请妻子去外面吃饭）。

稍微专业点讲，我们在无意识之间就把政治空间和货币空间区别开了，避免政治空间（爱情和友情）里掺入货币的因素。

从"无价"和"有价"来看，这种奇妙的习惯就能解释得通了。

无价，恰如字面那样，是指无法赋予价格、无可替代的东西。与此相对，有价，因为可以换算成货币，所以是指能对商品和服务贴上价格标签的东西。

作为和女朋友的关系是无价的一个证明，做爱之后会赠送倾注了爱情的戒指。与此相对，因为给她两千块现金就意味着给性爱赋予了价格，把女朋友作为一个有价的物品，也就是妓女来对待。就好像在说："和你的性爱对我来说值两千块哦。"

第一次提出这种观点的是美国平民思想家简·雅各布斯，她认为这是"市场伦理"和"统治伦理"这两种不同性质世界观的对立。(《市场伦理　统治伦理》千曲学艺文库)

雅各布斯研究了古今东西的道德规范，从中提取出人类创造的两种不同的道德体系，即市场伦理和统治伦理，简单来说就是权力游戏（武士道）和获利游戏（商人道）的规则。

权力游戏是在战国时代、三国演义世界里的，其目的是让自己拥有集团内部的最高地位（谋取国家）和在不同集团之间让自己的集团拥有最高地位（平定天下）。

因为显然大家不可能人人成为胜者，所以在权力游戏中，在集团内部如何行动就变得十分重要。这种进行权力游戏的区域就是政治空间。

与之相对，获利游戏的目的是在已有的条件内，效率最大化地增加货币。权力游戏的原则是胜者取得所有的利益，但是获利游戏里并不需要想尽办法拿到第一。不用成为世界首富，只要能过上一种大体上富足的生活大家就会开心。这种进行获利游戏的区域就是货币空间。

政治空间里不仅有爱情、友情，还有嫉妒、憎恶、背叛、复仇等错综复杂的感情，这些交织在一起形成情感漩涡。从恋爱到战争，整个人生戏剧都能在政治空间里展开。

与此相对，在货币空间里是以金钱为媒介进行沟通的，所以非常直接。没人会对经常光临的水果店的大叔产生爱恨之类的感情。在邮政购物时，也根本不会思考对方是谁之类的问题吧。正是因为有这种冷淡，货币空间才得以无限扩展。

"杀人"只会发生在政治空间

就像在战国时代古装剧里上演的那样，不问手段、胜利即正义就是权力游戏的规则。

在那里，人质、政治婚姻、背叛等等一切都被权谋术数围绕，但另一方面，未遵守与朋友的约定豁出性命、尊敬敌人并为敌人的死流泪等也是存在的。战国武将让一家老小都陷入死地，所以不会和一般厌恶的奴婢为伍。

要想统领人，名誉和品格等"人格魅力"是不可或缺的。

政治空间的另一个特点是具有阶层结构。如果权力游戏有了结果，让胜者居于顶点的等级制度就完成了，在这种阶级社会里就会产生"辨明情势"这一规则。受到家世门第、常规惯例的束缚，江户时代的武士世界就是其中的典型。

权力游戏从分清敌我双方开始。通过增加同伴，杀掉敌人，就能掌握更大的权力。德意志的法学家卡尔·施米特把政治的本质归结为"那小子是敌人，杀了他！"但同时政治空间也是一个使人狂热，驱使人们参加战争这样一个血腥的世界。

与此相对的货币空间，依靠着完全不同的规则（市场伦理）来运转。

同极其复杂的政治空间（包含男情女爱、亲人恩仇）相比，货币空间的显著特征就在于其简单。简·雅各布斯举过作为对立于统治伦理的市场伦理，"正直""尊重契约""同陌生人的协作"的例子。

与统治伦理的尊重名誉、尊重地位、坚持传统不同，市场伦理提倡齐心协力、同外部世界积极交易、同对方构建长期信赖关系、避免权谋术数。最重要的是"去竞争吧！但是不要杀人（拒绝暴力）"这一伦理。因为如果破坏了市场，就会一无所得。

有很多人非常讨厌把市场游戏说成是"全球化"和"新自由主义"，但是战争、内战等只会在政治空间里发生，理论上，货币空间是排除暴力的。

被爱情包围的亿万富翁只存在于故事中

政治空间的基础是杀敌夺权，是一场冷酷的权力游戏。与此相对，货币空间里，竞争的同时要尊重契约、相信对方，进行着一场完全不同的游戏。人类社会之所以会存在不同的游戏，是因为获得财富的手段有两种：①从对方手中夺取（权力游戏）；②交易（市场游戏）。

权力游戏和市场游戏都是维持社会运转的重要机制。可是，雅各布斯发出了警告，如果把这两种规则（伦理）混在一起，社会的根本就会腐败。

武士道里之所以要追求清廉，是为了遵守长幼有序这一组织的规定，就需要把市场伦理排除在外。家臣为了谋利和别的藩任意交易的话，主人位居顶峰的统治结构就会瞬间土崩瓦解吧。

另一方面，市场游戏中掺杂统治伦理的话，也会产生混乱。市场的伦理归根结底不过是要求企业对顾客诚实，但是因为权力游戏为达目的不择手段，所以出售过期蛋糕、牛奶，把霉变的陈米当成新米出售等谋利行为也是被允许的。这就会导致商家失去消费者的信任，市场经济的机能也会停止运行。

但是实际上，要想严密区分政治空间和货币空间是极为困难的。就像这样，政治空间和货币空间不论在哪个时代都会互相浸透，因此社会必然会陷入腐败的境地。

殖民主义，就是市场游戏和权力游戏相互混淆产生的最坏的形态。英国的东印度公司，最初是一个同东亚进行贸易的商人组织，之后介入了地方领主的政治斗争，通过武力扩大领土，最终全印度沦为殖民地，给现代史留下了巨大的伤痕。

同样，在个人的人生当中金融资本（货币空间）和社会资本（政治空间）理论上是不可能两全的。随着财富（金融资本）的扩大，所有的人际关系中就会被金钱介入，使友情遭到破坏。地方上融洽的乡情之所以得以维持，是因为大家都很贫穷。

说这样的话可能会破坏美梦，但是被爱情和友情包围的亿万富翁确实只在故事中存在。

第十二章　个体与集体

虽然个人存在于社会关系之中，但是关系的存在方式也是因文化而异的。在这里就来稍微深入地思考一下这个问题。关键词是"个人"和"间人"。

你是个人？还是间人？

暂且不说定义，让我们来做个简单的测试，看看你是个人还是间人。

问题一：图21中如果牛要选一个伙伴，A和B选择哪个？
问题二：图22中最接近目标图案的是哪一组？

问题一选A的人属于"个人"，选B的人属于"间人"。问题二选第一组的人属于"个人"，选第二组的人属于"间人"。你属于哪一种类型呢？

Ⓐ同伴?　　Ⓑ同伴?

图 21　哪个是牛的伙伴

目标

第一组　　　　　第二组

图 22　最接近目标图案的是哪一组

美国社会心理学家理查德·尼斯贝特让美国的孩子和中国的孩子都做了问题一，结果美国的孩子选择了牛和鸡的组合，而中国的孩子选择了牛和草的组合。

把牛和鸡组合在一起，是因为它们都是分类学上的动物。把牛和草组合在一起，是因为牛吃草而不吃鸡。也就是说在这里，中国孩子比起分类更重视两者的"关系"。

尼斯贝特又让韩国人、欧洲裔美国人、亚洲裔美国人做了问题二，结果大部分韩国人都回答第一组和目标图案最像，而大部分欧洲裔美国人都选择了第二组。亚洲裔美国人在两者之间。

第一组中描绘的图案和目标图案具有"家族类似性"。和目标图案有些相似，但是全部插图之间没有共通的规则。

第二组中存在和目标图案完全不像的插图，但是有一点是目标图案和第二组中每个图案都具备的。也就是说，都有笔直的茎。

尼斯贝特在其他的实验当中也发现西方人是最早具有"分类学规则"这种倾向的人。与之相对，东方人不擅长按照规则对事物进行分类，而是更关心部分和整体的关系、意义和共同点。

范畴是用名词表示的，人、物之间的关系是用动词表示的或者说是沉默着揭示的。从这里尼斯贝特提出了"西方人把世界作为名词的集合来思考，东方人把世界作为动词来把握"这一假说。

在西方的发达心理学里，普遍认为小孩子对名词的感知比对动词的感知要早很多。因为动词是模糊暧昧的，不能很轻易地分类，也很难传达它的意思。但是现在，东亚的孩子可以同时感知名词和动词（有些孩子甚至能更早感知到动词）。

这些实验表明，西方人的认知结构是把世界作为"个体"来分类，与之相对，东方人从世界上存在许多纷杂的"关系"这一点来把握。这种对世界认识上的不同就是为什么西方人重视"个人"或"理论"，而东方人在意"集团"和"人际关系"的理由。也就是说西方人是"个人化"的，东方人是"群体化"的。

对日语感到混乱的日本人

"个人"和"间人"这一想法是由社会学家浜口惠俊于20世纪80年代提出的，他对比了个人主义的西欧和集体主义的日本，呕心沥血地论述了日本的特殊性。（《集体主义社会日本》东洋经济新报社）

"个人"在英语里是 individual man，本义是"无法分割的人"。这是在近代社会，对应于"拥有普遍人权的市民"这一不可分割的单位的基础上成立的。

与此相对，"间人"在英语里是 contextual man，这包含了一种关联性。个人是"无可替代的自己"，间人是"在集体中的自己"。

日本社会是基于复杂的关系而成立的，比如日本足球联赛中，裁判说"日语表达真难"，这一声叹息就象征着这种关系。

如果是英语，哪怕对方是梅西或者克里斯蒂亚诺·罗纳尔多，如果裁判说"退后"，那他们就会离开足球。但是日语里如果用"退后"来命令别人，那就像吵架一样，好像都是说"请退后一下"。"请退后"或者"退后吧"是最常用的说法，但即使这样，也会有选手觉得对方像上级一样命令自己。于是，为日本足球联赛当裁判的国际主裁判，都会感叹，与用英语进行裁判的国际比赛不同，日语的裁判为什么会这么麻烦呢？

这同样也适用于道路施工时的交通管制。

在美国每位开车的司机都知道，交通管制的工作人员都很能耍威风。就算是亿万富翁的奔驰车来了，交通管制人员也会命令他们"停下！""走吧！"，至于"谢谢"之类的话是绝不会说的。

相反，日本的交通管制人员，从侧面看就处于很可怜的地位上，点头哈腰的。给人的感觉就是，要小跑到驾驶员身边以拜托的客气口吻说，"很抱歉，请您稍微等一下"，车通过的时候还要毕恭毕敬地鞠躬行礼说"谢谢您"。

美国的交通管制员之所以傲慢，是因为就算用居高临下的态度，司机们也不会生气。

日本的交通管制员之所以一个劲儿地放低姿态，是因为如果用命令式的语气有些司机就会生气。

这可以用责任与权限的思维方式不同来解释。

美国人认为责任和权限是一对一的。交通管制员担负着确保道路安全的责任，与其对应的就拥有比较大的权限。这就是交通管制员对所有的司机都可以居高临下地下达命令的根源。

与之相对，在日本责任和权限是模糊不清的，所以司机和交通管制员都是作为个体，关系是对等的。"停下！"被这样命令会愤怒地认为"什么鬼，那个讲话的人是怎么了"，司机之所以会有这样的反应，是因为感到作为人被看低了。

但是真相远不止此，还是有一些谜团的。

在国际足球比赛上，被说"退后"的日本选手就不会生气。在美国开车，也没有日本人会因为被交通管制员说"停下"而生气。

这样看来，日本人讨厌居高临下的理由，与其说是不明白责任和权限的规则，不如说是语言的问题。

日语里复杂的敬语和自谦语，是必须注意互相的身份和关系的时代产物。因为这种习惯残留到了没有身份差别的现代社会，所以大家都不喜欢命令式的居高临下的态度。日语不适合平等的人际关系。

不论男女老幼，礼貌用语异常泛滥的原因在于，人际关系的脉络过于复杂，就连日本人都有可能对日语感到混乱。

日本化的美国人

欧美人是"个人主义"，日本人（亚洲人）是"集体主义"，这是个非常容易理解的定义。但欧美人和日本人是天生就不同的吗？

实际上尼斯比特对这个问题做了清晰明了的回答。

把"事物"当作名词来看还是当作动词来看？我们让亚裔美国人（在美国出生、长大的亚洲人种）来回答之前的这个问题。大部分的调查中，处于东方和西方之间的情况比较多，一部分的调查显示，中亚裔美国人和欧裔美国人回答基本相同。日本人尤其容易受影响，有研究表明，日本人在美国居住两三年后，其思考方法和纯粹的美国人基本没有明显的差别。西方人和东方人之间有显著的不同，但是这个不同是由文化的不同造成的。

正如是，看到玻璃杯里倒进半杯水，人们的表达方式各有不同，有人认为"还有半杯水"，可有人认为"还差半杯水"。大家看到的是同样的事物，只不过是文化不同，感受方式也不同。

如果在美国生活的日本人能很快适应个人主义，习惯于个人主义的美国人和意大利人也会因环境改变，和日本人完全一样，变成集体型行为和思考方式。管理学家大野正和在《被眼光管理的公司》（青弓社）中提出了这个问题。这个话题让人印象深刻，我稍微详细介绍一下。

　　大野的论述一反常理，他说，在日本社会遭受全球化浪潮冲击的 20 世纪 90 年代，欧美企业以制造业为中心急剧地推进日本化。

　　20 世纪 70 年代，遭受两次石油危机打击的欧美各国，不仅对滞胀（通货膨胀的同时经济衰退）感到苦恼，也对经营者非法的罢工（自发零星罢工）和劳动者经常的缺勤感到苦恼，酒精和药物的依赖症也成了很大的社会问题。与此相反，日本的经济飞快地从石油危机中重新恢复过来。因为日本维持着社会稳定和经济的高速增长，自然引起了欧美各国对这个东方岛国的注意。在那样的情况下，1979 年傅高义的《日本第一》成为世界上最畅销的书，欧美企业引进日本的经营模式，也就是说日本化开始了。

　　透彻研究日本经营模式的欧美专家们发现日本经营的核心是团队合作同伴压力（Peer press，其中 peer 是"伙伴"和"同事"的意思）。

　　例如 1981 年发行的《Z 理论》一书中，美籍日裔的经营学家威廉·大内对日本的经营模式进行了如下说明。

　　人最在意的是朋友、同事如何评价自己。作为团体的一员，感觉同伴非常亲密的人，非常容易受到影响。不遵守团体规范的人会失去团体的支持和承认，甚至有时会被集团排除在外。对于觉得小团体是紧密一体化的人来说，这样的做法实际上是非常严酷的惩罚。

（中略）

日本的企业组织只招收还在人生成长期的年轻人，让他们属于各种各样的团体，向他们灌输对合作者献身的思想。在这种状态下重要的并不是外人的评价和报酬，而是来自伙伴、同事这类（不能糊弄的）亲密关系的细致而且复杂的评价。这个核心事实，不只是日本，在其他国家都是促使组织成功的基础。

美国人的过劳死

1982 年，在另一本世界级畅销书《追求卓越》中，汤姆·彼得斯和罗伯特·沃特曼对同伴压力的效果进行了如下的称赞。

在德纳社（电动车零件制造大户德纳）有着很强的压力感是毋庸置疑的。我们调查其他的超一流企业，其中也存在同伴压力。每年两次，大约一百个经理聚集在一起，五天内连续不断地开会。做与本部门业绩、提升生产率有关的发言，进行意见交流。他们把这叫作"地狱般的一周"。

麦克弗森（德纳的总裁）大力推荐这种活动。这是因为他认为同伴压力是彻底成功的关键。"糊弄上司非常简单，我也曾这么做过。但是，无法瞒过朋友、同事的眼睛，因为他们更了解工作情况。"

在美国，亲密的人际关系理所当然地广泛存在于家庭、俱乐部、邻里、教会等传统共同体中。但是从"经营与劳动的对立"来看，欧美国家将劳动视为向经营者履行合约的行为，是获取报酬后理应付出的等价物。（亲密的）个人感情不应带进工作中。

从中产生了"只管做好自己分内的事，其他的人和事无需理会"这种个人主义的工作观念。可是后来人们又引进了"工作时应该考虑下一步"这类间人主义的工作观念。

欧美企业向丰田学习可有效减少库存的管理方式，引入品管圈（quality control circle）促使员工自行开展品质管理，宣称"改变以往将工人视为机器附属物的看法，克服劳动中的疏离感，打造尊重劳动者的职场"。

这么做，会引起什么结果呢？

首先，美国人的劳动时间增加了。根据对各国劳动时间的统计，20 世纪 90 年代后半期以来，从全球范围来看美国的劳动时间呈明显增加趋势，甚至超过了以劳动时间长而闻名的日本。

其次，紧接着"过劳死"在美国成为一项突出问题。2003 年，美国的记者马修·瑞斯用《美国才是过劳死大国》一文敲醒了如下的警钟。（引自大野《被目光管理的公司》）

　　美国人自 1995 年超过世界第一工作过量国家——日本的劳动时间以来，过劳死的数量应该与他国拉开了差距。每年，比日本人多劳动三周半，比意大利人多劳动六周半，比德国人多劳动十二周半。与此同时，工作压力、心脏病像传染病一样在美国迅速扩散。

　　尽管如此，因过劳死而痛失家人的美国人并没有意识到工作压力和患心脏病之间的关系。分析原因，并非仅仅因为他们过于单纯。

　　几百年来美国人一直被灌输以"清教徒式的勤劳理论"，该理论认为长时间劳动、挑战有难度的工作可以帮助人们赎罪、死后进入天国。正是在这种极端信条的支撑下，被驱逐出欧洲的清教徒在北美大陆上开辟了最初的殖民地。此外拼命劳动也带来了相应的财富积累。因此对于容易将过劳和幸福混为一谈的美国人而言，解决过劳死问题的迫切程度远超日本。

通过日本式经营改头换面的美国企业

　　虽然介绍了这么多，笔者相信已经被"全球化"威胁论洗脑的日本人依然无法轻易接受欧美企业正在"日化"这一事实。因此我们通过具体事例来看，素来以个人主义著称的欧美企业在引入"日本式经营"后发生了哪些改变。

　　焦点落在美国的 ISE 公司（化名），这是一家生产印刷电路板的企业。与美国其他企业一样，20 世纪 80 年代开始，这家企业由于受到经济下行影响一直无法摆脱低收益局面，所以管理层从 1988 年开始引入了团队合作（日本式经营）。

美国社会学家詹姆斯·巴克表示希望进入工厂与劳动者进行真实对话，此研究成果将作为商业模式的研究案例对外公布，公司管理层同意了他的请求。从 1990 年起的三年间，巴克进入 ISE 公司的工厂进行参观学习，这个参观成果刊登在 1990 年的《团队合作规律》一文中。这是美国人在体验"日本式运营"后，会发生什么的极为有趣的记录（以下内容引自大野《被目光管理的公司》）。

最初是，新入公司的员工格雷克在印刷电路板出现安装错误时，被团队领导者玛莎提醒注意的场景。

"那个"，玛莎用教导的语气说道："你刚开始工作，犯错是可以理解的。但是，不能有第二次了哟。"她用手指强调了"两次"。

"首先，正确安装零件。这虽然花时间，但很快就能完成。更重要的事情是你必须检查自己的工作。这是团队的每个人都要做的事情。

"每个人都检查自己的工作。这样大家才能很好地做下去，我们认为这是非常重要的。纠正变得乱七八糟的电路板相当地费时间。明白了吗？"她对格雷克轻蔑地说道。

　　"我知道了。但现在马上做到有些困难。"

　　"没关系。我现在教你如何在团队中工作。大家都经常检查自己的工作，而且还相互检查工作。请先记住这一点。"

　　然后，是与一个早上7点钟准时工作有些困难的单身母亲莎伦有关的事例。因为团队成员对这个单身母亲的遭遇比较同情，曾有过在她孩子生病时让她休息一周的事情。

　　公司的规定是，从30天的出勤记录中可以消掉一次迟到记录。莎伦因为超过了规定时间，消掉了很多个迟到中的一个。这时她开玩笑说："这样又能再迟到一次了。"

　　第二天早晨，因为孩子又生病，莎伦再次迟到了。这时发生了一些事情，巴克这样描写到。

　　（迟到的）莎伦出现时，她所在团队的成员当面责备她，态度就像昔日组织中的监督者那样。大家明确告知她，迟到会让别人心情不好、人手少工作起来是如何的不方便。受到同事的责备，她哭了出来。

　　团队成员为了让她内心的伤口愈合转变了态度。他们没有打算伤害她，说希望她明白，自己的行为是如何影响了大家。当发生问题时需要迅速联系确认。这件事情结束时，团队成员告诉她："大家真的很信任你，这里需要你。"一个月后，莎伦没有再迟到。

怎么样？你相信这是"个人主义化身"的美国人的行为吗？但是这是美国极为普通的制造工厂内发生的事情。

新教派的洗脑

积极导入日本式经营后，ISE 公司的劳动者开始这样评价自己的工作。

> 如果有人不工作的话，那怎么办好呢？谁负最终的责任呢？遗憾的是，这是我们全体员工的责任。当然团队会众志成城地对那个人说，"你没有完成自己的工作。"但是，如果某个人不走上前去说出这样的话，"你没有完成自己的工作，这对于大家会成为一个麻烦。"工作就无法开始，不工作的人也会成为坏人。
>
> 按字面意思解释坏人，人们会这么说，"你对自己的工作懈怠，我们本来都很依赖于你。还认为你是这里的工作能手，没想到不是这样。"
>
> 有人不愿意接受，工作几个月就辞职了。他们不能对周围的人负责任。我们有必要盯着自己所做的工作这个事实，对他们来说是一种负担。
>
> 以前员工们谁都不会追究迟到，或是午饭后出去一趟这类行为，只要看老板一个人的脸色行事就行，如果

老板不在员工们就是自由的。

变成现在这种团队后，员工没有必要规矩地待在自己的位置看上司的脸色。如果上司不在，也可以和同事聊天，做自己喜欢的事情。

但是，团队其他成员就在我身边，自己的一举一动都尽收他们眼底。这跟以前不太一样，但是团队运转得不错。我自己会主动避免做让大家生气的事情，相反我会想做那些大家希望我做的事。

就这样，ISE 工厂内部发生了转变，从员工间相互检查、监视变成了不直接监视、责备，但员工也能自发完成工作责任。"没有惩罚，但也会有罪恶感。"这种心理，是日本式经营的一种理想状态。

对于这件事，一位名叫莉斯的职员用下面的语言进行了象征性说明。

就算你纯粹出于自身利益才待在团队里，实际上那也不是你的利益。尽管你自身是只考虑个人利益的，但团队不会考虑你的利益。为什么这么说呢？请相信我，待在团队里这件事并不是谁强加给你的。

例如，像我丈夫这样在老式职场工作的人，不能理解我们为什么要这样做。不知道我为什么要对工作那么投入。我们处在两个世界。他甚至不理解我们奉献的程度。还对我说，我需要专家的帮助。

他这么说道："莉斯，我不能理解你。你的工作好像是从七点开始三点半结束吧。就算是加班，可你到了五点、五点半时也一点都不想回来。是不愿意回家吗？是不想打卡下班吗？"

"首先，没有考勤卡。其次，只要你认为你那天的工作没做好，你就不会想到要回家。"

"那么不就像是在家吗？"

这样想想看，像和丈夫结婚一样，我也嫁给了这份工作。下班时间到了，这样待在单位不想回家。现在这个时间（下午四点半）去生产线看看。一定还有同事留在那里。因为有必须要做的事情，不介意已经过了三点半。大家都变得很拼命做必要的工作。

在崇尚个人主义的美国传统职场工作的莉斯的丈夫，只是认为妻子患上了精神疾病（或许是宗教崇拜的一种洗脑）。但这样的工作方法，在日本的职场是司空见惯的事情。

这对夫妇的问题是，与丈夫的"个人"相对，在引入了日本式经营的公司工作的妻子变成了"间人"思想。

被榨取的价值

这里的"日本化"被欧美社会学家批判为"压力管理"

（management by stress）。尽管如此，这种管理方式还是在迅速普及，其原因非常明确，就是与一般常识恰恰相反，这种日本式经营的生产率很高。

适合进行日本化的行业包括像 ISE 公司这样的制造业、餐饮、零售、医护等，范围相当广泛。在这类企业中工作，与其在合同中明确规定工作内容，不如让员工自己随机应变（有时一人也会做多个人的工作），大家稍微思考一下就能明白后者效果更好。

这是日本的例子，在便利店打工的大学生说，打工的成员都提前加了 LINE 的群，如果生病或者有事想要换班的时候，就用 LINE 进自行协调换班。

我问："那不是店长、经理该管的事吗？"对方回答说："本来是应该店长负责协调的，但那样比较麻烦。"

在 "日本化" 的大本营日本，现在连兼职都能实现 "自主管理" 了。

曾经有报道称，一位高中女生在某大型连锁便利店打工，因为感冒缺勤两天，便利店就从 24000 日元的兼职工资中扣掉了 9350 日元的 "罚款"。后来这件事被曝光，便利店对女生进行了还款和道歉。扣钱的理由虽然是 "因为没有替代的工作安排"，但这件事的背景是 "打工换班这样的事情应该由自己协调"，存在这样的常识是没错的。

这样考虑的话，现在的 "工作现场" 发生了什么，看起来更清晰了。

在人力资本方面，知识社会的工作发生两极分化，具体分为创新型高薪工作和没前途的低薪工作。

由创作者和专家所承担的创作型高薪工作属于"个人型"，与全球标准同步。伴随知识型社会和科技的不断发展，这类创新型高薪工作将逐渐摆脱对大型组织的依附，更趋个人化。

另一方面，在欧美国家，对专业性不做要求的"没前途的低薪工作"在不知不觉中逐渐被日本式经营（日本化）占据，变成了"团队型"。从中不难发现，日本人的工作方法已经成为国际标准。究其原因，引入团队合作能提升员工的满意度，提高劳动生产率。

"只做自己职责范围内的工作，之后的事情与自己无关。"这样个人主义的劳动方法因为把工作看作是为了生活而必须要做的不好的事情，这样就无法自我实现。与此相对，用集体主义使成员持有同伴意识，工作人员的工作主动性提升，变得能感受到"幸福"。但是作为代价，"日本化"的劳动场所立刻变形为通过公司"榨取价值"。

日本闭塞感的真面目

直到现在，日本的知识分子还在到处主张"是日本的资历工资制和终身雇佣制这样的雇佣制度给日本人民带来了幸福"，大声指责着依托于"全球主义"和"新自由主义"的

"雇佣破坏"。职场中的紧密纽带带来幸福，如果这样想的话，这种主张也未必能说是错误的。

但是，在现实中，日本式的雇佣所提供的"群体的幸福"导致的是一整套的长时间劳动、过劳死和过劳自杀。而且，不仅是在日本，在很多发达国家，集体主义的工作方式都是遭到反对的。

在关于幸福的研究中，"自己能够自由地决定自己的人生"和幸福感是有关联的。人通过拥有"自主决定权"，人生越自由，对人生的满意程度就越高。

以美国政治学学者英格尔哈特为中心，从20世纪80年代开始的每五年进行一次的"世界价值观调查"被当作是"最值得相信的国际比较调查"。其中存在"能够在多大程度上掌控自己的人生"这个项目，但在作为调查对象的57个国家或地区中，日本排在最后一位。（2010年数据，见表5）

以"人生完全不能实现自由"为"1"，"人生能够完全实现自由"为"10"将自由度数值化，但即使从时间序列来看，哪怕是在日本泡沫经济最盛的1990年，当时日本人的自由度也不比现在高多少。

在不同职业的自由度比较中，超过6分的只有自营业者和学生，正规或非正规的劳动者、无业人员自不必说，就连主妇和已经退休的老年人的自由度也低于公司职员。（池田谦一编著《日本人的思考方式 世界的思考方式》劲草书房）

表5　"自己的人生能有多少自由控制度"的国际比较

顺序	国家或地区名称	加权平均	顺序	国家或地区名称	加权平均
1	墨西哥	8.44	30	尼日利亚	7.18
2	特立尼达和多巴哥	8.17	31	南非	7.18
3	哥伦比亚	8.16	32	中国	7.14
4	科威特	7.96	33	哈萨克斯坦	7.04
5	卡塔尔	7.95	34	黎巴嫩	6.97
6	罗马尼亚	7.88	35	德国	6.97
7	斯洛文尼亚	7.88	36	西班牙	6.95
8	厄瓜多尔	7.86	37	荷兰	6.90
9	澳大利亚	7.81	38	巴林	6.88
10	新西兰	7.80	39	印度	6.88
11	乌兹别克斯坦	7.80	40	巴勒斯坦	6.86
12	美国	7.76	41	卢旺达	6.85
13	乌拉圭	7.73	42	新加坡	6.78
14	瑞典	7.69	43	韩国	6.75
15	塞浦路斯	7.57	44	阿尔及利亚	6.66
16	泰国	7.53	45	津巴布韦	6.66
17	马来西亚	7.50	46	波兰	6.65
18	中国台湾	7.49	47	突尼斯	6.64
19	秘鲁	7.47	48	乌克兰	6.55
20	加纳	7.43	49	伊拉克	6.53
21	土耳其	7.41	50	也门	6.40
22	阿根廷	7.38	51	亚美尼亚	6.36
23	吉尔吉斯斯坦	7.38	52	爱沙尼亚	6.31
24	菲律宾	7.32	53	埃及	6.29
25	巴基斯坦	7.30	54	白俄罗斯	6.20
26	阿塞拜疆	7.27	55	摩洛哥	6.18
27	约旦	7.27	56	俄罗斯	5.91
28	利比亚	7.22	57	日本	5.76
29	智利	7.18			

※ 节选自池田谦一编著《日本人的思考方式　世界的思考方式》

　　仅以价值观调查的数据为理由显然是不够的，但在此背景下，能够容易地推断出"在刚毕业偶然进入的一家公司里待了 40 多年" 的这种日本式雇佣的扭曲构造。 对于非正式的公司职员来说，自己的立场只能是不合乎道理的 "身份歧视"，而主妇也一直处在被剥夺工作，一直关在家庭的封闭空间中。 退休后的自由度不高是因为一旦离开公司，就会从之前的人际关系中脱离出来，失去这部分社会资本。

在日本，群体主义得到最优化，并从中产生了 "行为的价值"。 在公司里克己奉公感到 "幸福" 的公司职员的这种感觉就是典型。

但是，在自由化的世界平台上，这种 "间人的幸福" 就变得过时了，价值观转变成了持有自主决定权的 "个人的幸福"。 虽然如此，但日本社会是被复杂的背景所覆盖的不合理的政治空间，无法活出 "自由" 的人生，而被强加上 "间人的幸福 = 寺院中的价值"。

这就是公司职员憎恶公司的原因，也是现代日本的 "闭塞感" 的本来面目吧。

为了得到幸福，必须要考虑如何从中脱身，但是还有一个更大的问题，日本人的不幸也许是遗传的。

第十三章　抑郁症是日本的本土病吗

虽然我们非常自然地把欧美人和日本人当作是对立的两极，但实际上两者之间并没有差别，只是把相同的东西从不同的角度来看而已。这是非常有趣的见解，但在这里话锋还有反转。有一种有力的说法认为，日本人的幸福感是遗传基因水平上的，这与欧美人有着与生俱来的差别。

抑郁症与血清素

血清素与多巴胺并列，是脑内一种重要的神经传递物质，在精神科学领域和脑科学领域中正在对此进行最热切的研究。它被称作"化学性快乐"，在情绪的稳定上发挥着重要作用。反过来说，血清素的功能一旦没有很好地发挥，人就可能会陷入不安症和抑郁症。

这个原理的应用是，通过现在世界上应用最广泛的抗抑郁药剂 SSRI（选择性血清素再吸收抑制剂），脑内合成的血清素好像不能被神经元摄入分解，被认为有遮蔽受体的效果

（这就是 "再吸收抑制"）。 结果就是， 脑内的血清素浓度上升， 抑郁症得到缓解。

众所周知， 日本人中很多人患有抑郁症， 但作为理由， 除了一些社会方面的、 文化方面的重要因素，"日本人有易患抑郁症的病前性格" 这个理由也同时被指了出来。 这就是 "抑郁亲和型"， 1961 年， 由德国精神医学学者胡伯图斯·泰伦巴赫所倡导， 被日本的精神科医生瞬间接受。 这并非仅仅是崇拜欧美， 而是因为泰伦巴赫举出的作为 "抑郁气质" 的 "认真""严谨""责任感强""在意周围人的看法""讨厌人际关系纠纷" 等病前性格， 所描述的正好是典型的日本人。

日本的精神科医生所诊治的抑郁症患者， 基本上无一例外， 都是 "抑郁亲和型"。 甚至说， 所有的日本人， 或多或少都有易患抑郁症的气质。 泰伦巴赫主张 "抑郁是日本的地方病"。（芝伸太郎《日本人的抑郁症》人文书院）

但是为什么日本人的性格是抑郁亲和型的呢？ 现代脑科学的回答是，"那是因为基因水平上的脑内血清素很少"。

遗传基因能预测未来？

运输血清素的基因 （血清素搬运蛋白） 中有 S 型和 L 型。 这些基因组合起来， 就决定了 "SS""SL""LL" 这三种基因类型， 但牛津大学情绪神经科学中心的伊莱恩·福克斯思考了这种基因类型的不同是否会对性格造成大的影响。

　　S 型 （短的） 基因对血清素的搬运能力低，L 型 （长的）
基因对血清素的搬运能力高。 换言之，持有 LL 型基因的人
脑中血清素的发现量多，持有 SL 型、SS 型基因的人脑中血清
素的发现量少。

　　接着伊莱恩·福克斯准备了恋人之间互相拥抱的 "积极
的" 画像和女性被反剪勒项，头被刀抵着的 "消极的" 画
像，然后让被试者同时看这两幅画像，试着检查根据血清素
搬运蛋白的不同注意偏向是如何变化的。 结果，从中了解到
了 LL 型基因持有者很容易被积极的画像吸引，SS 型基因持有
者或者 SL 型基因持有者注意力容易转向消极的画像。

　　从实验结果中得到了这些启发：持有 LL 型基因的人无论
对什么事情都是朝前看 （积极的） 的性格，持有 SS 型或者
SL 型基因的人只看到事物的阴暗的一面，属于总是提心吊胆，
害怕不安 （消极的） 的性格。

　　而且，血清素搬运蛋白的类型，也会因人种的不同而有
很大的差异。 大致的倾向是，非洲人中 LL 型的较多，白种
人和亚洲人中相对少一些。 尤其是日本人中 S 型基因的持有
率与欧美人相比多了五成，而 LL 型基因的持有者仅占 3%，
是世界上最少的。 换言之，日本人中有 97% 是持有 SL 型或
者 SS 型基因的，脑内血清素的发现量较少，对消极的事物持
有很强的注意偏向。 这就造成了抑郁亲和型的性格，抑郁症
可能就是日本的 "地方病"。

　　至此我们似乎已经得出了 "因为日本人持有抑郁症的基

因，所以只能放弃"这样消极的结论，但这个话题依然还在继续。在这之前，让我们先从伊莱恩·福克斯的《脑科学能否改变人格？》（文艺春秋）中看一下血清素搬运蛋白是如何发挥作用的。

研究者是从进入 21 世纪之后开始关注 "血清素搬运基因是否与面临逆境时心理强大还是软弱有关系"，首先伦敦精神医学研究所的团队验证了基因是否会影响抗压性。

研究团队首先着眼的是以新西兰南岛为实验地点进行的一个叫作 "但尼丁·孩子健康与发展相关的长期追踪研究" 的大规模调查。调查对象是 847 名 3 岁孩子，并在之后的 23 年间（直到作为调查对象的人到 26 岁），定期地进行听取调查或者接受测试，在调查的最后 5 年间（作为调查对象的人从 21 岁到 26 岁），对每个人所经历的精神压力较高的事情进行仔细的核定。这个调查的特征是参加者的基因是被记录了的。

在调查中，爱人去世、患重病、失恋等等个人的变故全都被记录了下来，在 26 岁这个时点上对过去是否经历过严重的抑郁进行了细致的审查。参加者中被诊断为需要采取临床措施的抑郁症患者共有 147 人（17.4%）。

要是那样的话，基因类型和抑郁症是有关系的吧。

研究团队首先对回答了 "在过去有过严重的精神压力" 的参加者进行了比较。在这个条件下，SS 型和 LL 型被诊断为抑郁症的概率是相同的。这个事情明确了即使是持有 SS 型基因，也并非仅仅因此就容易得抑郁症。

但是考虑到参加者是经历过几次精神压力，就浮现出了完全不同的构想。在回答了"在过去经历过四次以上的严重的精神压力"的人中，血清素发现量较低的 SS 型和 SL 型基因持有者的发病率上升到了 43%，与此相对，发现量较高的 LL 型基因的持有者的发病率保持在前者的一半左右。

对这个结果进行研究的团队，对"只对在没有疟疾的地方居住的人进行调查，但能够找到对疟疾抵抗力低的基因的概率还是很低"进行了说明。SS 型或 SL 型的基因，和造成大的精神压力的变故有密切关系，引发了有害的结果。

同样的实验，让血清素搬运蛋白是 SS 型或 SL 型的 14 名被试和 LL 型的 14 名被试看各种各样的面部表情特写照片，用脑部扫描仪观察到了一些现象。脑内对恐怖反应强烈的是扁桃体，和预想的一样，SS 型或 SL 型的被试对恐怖表情的面部特写反应尤为强烈。他们很容易被恐怖和不安影响。

在其他的实验中也能够证明血清素搬运蛋白的效果。

给参加者少量的资金，要求他们将这些资金按照自己的想法进行投资。在投资的可选项中有高风险高收益的（危险的）和低风险低收益的（安全的）两种金融商品，根据所选择的金融产品的实际表现分红。在这个实验中，血清素运输蛋白发现量较低的 SS 型的持有者对高风险的金融产品的投资率比平均值低了 28%，另一方面，关系到脑内多巴胺分泌的多巴胺受体 D4 基因长的人，与对照群相比，选择高风险高收益的相对多出 25%。对投资的态度，进而对人生重要的岔路如何选择，根据基因是能够在相当程度上进行预测的。

易患抑郁症的人最乐观？

至此对于这个理论似乎已经没有能够进行反驳的余地了，但是即使如此，也还是有残留的疑问。虽然一直认为在进化的过程中，是 L 型的基因先存在（所以在非洲人中存在很多持有 L 型基因的人），在此之后，S 型的基因才出现，但按原来的说法，患抑郁症是人类进化的结果。

伊莱恩·福克斯实际上自身也感受到了同样的疑问。之所以这么说，是因为在更加乐观的人中间，发现了 SL 型或者与之相似的基因类型。如果说"乐观的大脑（大脑的晴天）"或者"悲观的大脑（大脑的阴天）"是由基因决定的，应该是不会引起这样的事情的。

调查了学生的乐观指数的伊莱恩·福克斯对与之前完全不同的结果感到十分困惑。持有 SL 型（实际上简化了与此类基因有相同效果的其他基因类型）基因的学生与持有 LL 型基因的学生相比，前者的乐观程度更高一些。更加令人震惊的是，在全部回答中，乐观倾向最强的是持有 SS 型基因的学生。

在之前的论述中，SS 型基因具有脆弱性，受到精神压力后更容易陷入抑郁状态，这个结论在多个实验中都能够被证明。但是，这种 SS 型，却是有所谓的更加乐观的特性。为什么会产生这种矛盾的结果呢？

为了弄明白其中的原因，伊莱恩·福克斯又做了以下的实验。

同时看到积极的图像和消极的图像，在它们消失之后，在某一侧会出现一个标记。被试者必须尽可能快地看到这个标记，然后必须有所反应。

这个实验相当精心地实行，在令几个被试感到厌恶的图像之后出现了标记，在令别的被试似乎感到幸福的积极的图像之后出现了标记。根据这个现象，我们明白了被试者无意之间会偏向消极或积极。标记经常出现在消极的图像之后，被试者的注意力就会集中于消极的图像。

伊莱恩·福克斯在这个实验中，确认了把被试者向消极的方向引导时，血清素搬运蛋白发现量低的人，迅速找到令人感到恐怖的图像。（大脑的阴天）SS 型的因为扁桃体的功能被激活，对恐怖有更强烈的反应也是当然的。

但是把被试者向积极的方向引导时，一个非常有趣的结果变得明晰了。

如果说是（大脑的晴天）LL 型基因造就了积极的性格，其持有者会避开消极的东西，更容易对积极的事情产生反应，因此肯定会把注意力朝向积极的图像。但是实际上，更快找到积极图像的是持有 SS 型 "脆弱基因" 的群体。

血清素搬运蛋白发现量低的人，对积极的画像是有和对消极的画像同样敏感的反应的。

能变得更幸福

在这个结果基础上，伊莱恩·福克斯关于血清素搬运蛋白提出了新的假说，这就是："对神经传输物质起作用的基因发现量较少的几个人，无论是在好的环境还是不好的环境中，都倾向于反应敏感。"

在调查基因与环境的相互作用的目前为止的实验中，因为只把关注的焦点放在发生在被试者身上的变故以及它所带来的恶劣影响上，SS 型就被贴上了抗压能力弱、容易感到脆弱的"抑郁症的基因型"的标签。但是伊莱恩·福克斯的实验给这种压抑的预言加入了新的光亮。这就是："发生不好的事情时，发挥非常不利的作用的基因类型，在发生好的事情时，也会带来非常大的利益。"反过来说，造成能够非常乐观地面对压力的性格的 LL 型，实际上仅仅是一种"感觉迟钝"而已。

支持伊莱恩·福克斯这种新的假说的实验也正在进行。

在位于华盛顿的美利坚大学，有研究者确认了一旦 SS 型和 LL 型的人遭遇差不多相同的变故，那天夜里，更容易被强烈的不安所折磨的是持有 SS 型基因的人。但是另一方面，遇到非常开心的事情的当天晚上，有 SS 型基因的人感受到的压力与 LL 型基因的人相比，明显较少。

而且伊莱恩·福克斯的学习实验也得出了同样的结果，血清素搬运发现量低的人与发现量高的人相比，无论是积极的事还是消极的事，情感上都更为敏感。

从这件事中，伊莱恩·福克斯说血清素搬运蛋白并不是"容易陷入逆境"的脆弱基因，将其视为"可塑性强"的基因更加合适。血清素搬运蛋白发现量低的人受周围的环境影响时反应更加敏感，遭受霸凌、得不到周围人支持等时候会受到非常严重的负面影响，但是另一方面当受到周围好的环境的积极影响时也会引发出非常大的利益。

那么从这个结论中，我们就能够说明为什么从 L 型基因中出现了 S 型基因。是因为有利于适应农耕社会封闭的共同体中紧密而又复杂的人际关系吧。这就是（最早转变成农耕文明）欧洲人和东亚人 S 型基因较多，而非洲人残存的 L 型基因较多的理由。无论是积极的事情还是消极的事情都能够敏感地感觉到，因为人类这样的进化，开始能够迅速揣测对方的心情，使得在狩猎采集生活中维持一个难以置信的大的共同体成为可能。

伊莱恩·福克斯的新的假说，给 97% 的人都持有 SS 型或 SL 型血清素搬运蛋白的、抑郁成为"地方病"的日本人非常大的启发。《被讨厌的勇气》（钻石社）成为百万级畅销书，从中也能看出日本人极度害怕被别人（社会）讨厌。脑科学家说，这种性格并不是从社会和文化的土壤中衍生出来的，而是由对环境（人际关系）反应极端敏感的基因类型带来的。这虽然是有遗传性基础的日本人与生俱来的，但是也创造出了总是不在意别人的看法的话就活不下去的社会和文化。

日本人寻求与幸福的"联系"，但是结果（作为群体）又被禁锢在了这种联系中，变得无法自由活动。正如人们看到的接连不断的过劳死和过劳自杀就知道，这是极其危险的环境。虽然讨厌公司，但没有公司又活不下去，这就是日本人的可悲之处。

但是另一方面，关于血清素搬运蛋白的最新认知中，显示了应对抑郁非常脆弱的日本人对于好的事情能够更加敏感地反应。换言之，置身于适合自己的环境中时，或许能够感受到"感觉迟钝"的人感受不到的幸福。

因此，必须以日本人的基因特征为前提计划自己的人生。说得更加浅显一点，那就是如果能够设计出没有压力的环境，我们可能会变得比被大家所认为"乐观的"拉丁系和非洲系的人更加乐观。

在这里重要的是能够选择人际关系的"自由"。

第十四章　幸福的自由职业者策略

　　美国社会学家马克·格兰诺维特于 1973 年攻读哈佛大学博士期间进行了一项颇有意思的研究，叫作"脆弱关系的力量"。

　　为了弄清楚关系对于在社会上取得成功有多大的作用，格兰诺维特尝试询问了马萨诸塞州牛顿市的一些白领职员（282 位从事专门职业、技术职业以及管理职位的男性）："如何找到现在的工作的？"除去利用报纸上的招聘广告、民间介绍机构以及直接投递简历的人外，有 56%，也就是超过半数的人是通过认识的人找到工作的。

　　之后，当问到"认识的人的实际情况时"，有 55.6% 的人回答和那个人只是偶尔见面，28% 的人回答几乎不见面。通过经常见面的"朋友"介绍工作的人不到 17%。

　　和日本一样，美国也是关系社会，人们普遍认为想要找到一份好工作，强大的人脉是必要的，所以这个结果引起了巨大的反响。关于这个结果，格兰诺维特认为，很多情况下有牢固关系的朋友和自己从事的都是相似的工作，所以即使和他们商量改行的事情也只能介绍同样的工作。与此相对，很多只有脆弱关系（疏远）的朋友因为和自己生活在不同的世界，所以能够带来新的可能性。

这就是"脆弱关系的力量"，不过仔细思考一下的话，就能知道其理由并非仅此而已。

有牢固关系的人（例如有血缘关系）的介绍伴随着重大的责任。如果孩子或者兄弟姐妹引起了麻烦的话，就会立刻反过来波及自己。典型事例就是在伊斯兰地区及南亚成为一大问题的名誉杀人，在女儿不听从父母定下的婚约而使对方蒙羞的情况下，家人（父亲或哥哥）就必须亲手杀死自己的女儿（妹妹）。

相反，脆弱关系者的介绍只是将偶然认识的人与另一个偶然认识的人联系起来，所以即使失败了也不必承担责任。如果那个人起到作用的话，反而还能得到对方的感谢并且送出一份人情。这就像是一笔不会吃亏的投资，所以聪明的人在帮忙介绍别人时，比起动用牢固的关系，他们更喜欢脆弱的关系。

室内五人制足球的规则是独自参加

传统社会是在政治空间中形成的，所以我们（在进化的过程中）熟习权力游戏。在网上看到名人的不正当男女关系以及政治家的丑闻等违反规则的事情时，匿名谴责的现象十分盛行，但这也是权力游戏中在迅速地发现背叛者（敌人）后要将其从共同体中剔除的一项传统程序的可悲之处。

地方不良青少年的社会资本是通过一种叫作"朋友"的紧密关系建立起来的，他们在政治空间（友情空间）中生存着。小混混和政治家对于"背叛"和"被背叛"等极为敏感，这也是在政治空间中进行着权力游戏的缘故。

人们在城市中聚集，社会变富裕的话，无趣的权力游戏就会逐渐变得烦琐起来。和那样非常复杂的政治空间（也包括亲子及恋人之间的爱恨）相比，货币空间的显著特征就在于它的简单。购物就是一种在喜欢的时间和喜欢的人一起按喜欢的方式支配货币的关系。

货币空间已经扩展到日常生活中，在现代社会中即使不通过货币也能建立起脆弱关系。室内五人制足球是我听过的一个很有趣的例子。

最近越来越多的地方在高楼的楼顶等处修建室内足球场。为了在那里享受竞技的乐趣，（包括守门员）每支队伍必须不少于3人、不超过5人（除此之外是替补队员）。我曾单纯地以为这就是年轻人组队进行对抗而已。但实际上，球员并不属于特定的球队，而是在空闲的时候一个人去附近的室内足球场，然后进入那些人数不够或者参加者退出的场地进行比赛，这（至少在东京）是很普遍的。最令人讨厌的是，和朋友一起结伴比赛时"绝对不把球传给那些家伙"的潜规则。

比赛结束后，大家就会互相击掌后解散，并不知道对方的年龄、职业甚至是名字。和互不相识的同伴偶然在同一个球场踢室内球是最开心的，也是最好的，这正是货币空间的市场游戏。为了能更有意思，就算是典型的无聊运动——业余棒球比赛，也并不组建特定的队伍，只是占一个球场并在网上召集各个位置的选手，比赛结束后只道一声"辛苦了"便解散，连惯常的喝酒聚会也没有。

我在《（日本人）》上看到了国际性的认识调查，发现和之前的常识相反，日本人被指摘为非常世俗的国民，不过从室内五人制足球及业余棒球比赛的变化来看，就能明白货币空间里那种简单（疏远）的关系正在快速侵蚀政治空间中的人际观念。这种现象的大背景是伴随互联网、社交软件的发展，人们无需进行传统类型的交往也能与人建立"联系"。

公司和学校都是关系紧密的"间人"世界，但是极度恐惧"被讨厌"的日本人实际上非常厌恶这种政治空间。如果是在与此相反的、由脆弱关系构成的货币空间里，日本人也能够作为"个人"行动，事实上他们也一直喜欢这样。

高中生的性关系

接下来我们尝试将"紧密关系"和"脆弱关系"处理成可视化。图 23 是一所白人学生占大半的美国中西部中等规模

高中（Thomas Jefferson High School for Science and Technology）
的性关系图。

这个事例别处（《"不读也行的书"的导语》）也曾经使
用过，但是因为没有发现比这更好的例子，所以这里依然使
用该例（尼古拉斯·克里斯塔基斯／詹姆斯·富勒《大连接：
社会网络是如何形成的以及对人类现实行为的影响》讲谈社）
（简称《大连接》）。

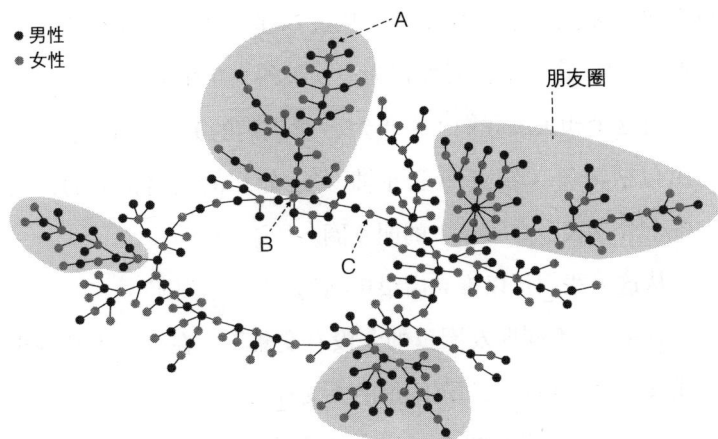

图 23　杰斐逊高中的性关系图

根据尼古拉斯·克里斯塔基斯／詹姆斯·富勒著《大连接》制作

这是刊载在一流学术杂志上的严谨的社会学研究，但是
究竟为什么社会学家能够知道高中生的性行为呢？这是因为
在梅毒等性传染病扩散的时候，为了防止进一步的感染，有

必要通过向学生们询问、调查，作出反映传染（被传染）疾病的可能性的相关图。图 24 中颜色深的点代表男性，颜色浅的点代表女性，如果同时和多个异性交往的话，图中的点就会有延伸向两个方向（或者三个及以上方向）的分支。

通过该图能够知道，除了在分支末端的学生，其他所有的学生都和多个异性有着性关系。但这并不是说"美国高中的风气混乱"。

因为和异性一对一进行交往的高中生没有感染疾病，所以在这个相关图中没有展现。因此这是一张自己或对象（或者两方）三心二意、对性行为很积极的高中生的相关图。

由这个相关图我们可以得知，学生们的关系（社会网络）是由包括轮毂（结点）和轮轴（分支）的网络构成的，其中各个分支表示在学校中的朋友圈。

从这里我们可以推导出很单纯的"交友法则"。

其一，"不同朋友圈里的人没有交集"。在分支末端的男生或女生没有和其他朋友圈里的人交往过。

其二，"在朋友圈中，和其他朋友圈有交集的人只有一个"。这种特权成员通常是团体中的领导者，他／她与圈外的异性也保持着性关系，因此性病在朋友圈之间传播开了。

想一下黑社会，就能轻松理解这种组织结构。

黑社会组织中的底层成员在遇到敌对组织时只会打架（不会产生联系），能越过组织之间的界线与其他组织的老大进行对话的只有"组长"一人（能出席"组长会议"是黑社会权力的源泉）。

但是从杰斐逊高中的相关图中我们也可以看出，大团体中的成员并非有直接联系。在学校集团里，存在着不属于有特定某个朋友圈，但是和受欢迎的男生或女生（团体领导者）交往的学生。像淘气仙星般行动的他（她）成为一种媒介，使团体成员构成了一个大圈。

接下来尝试用"政治空间"和"货币空间"来解读一下这张相关图。

A处在分支将它与其他部分隔开的位置，和固定对象的紧密联系是其世界的全部，没有和圈外人相遇的机会。除了地方上的不良青年，困于公司这座寺院中的工薪族、格局孩子的学校和年级所划分的"妈妈朋友"都是此类型。他/她们处在政治空间的牢固关系中，一旦切断和朋友间的关系就会失去全部的社会资本，因此无论如何都只能紧紧抓住"寺院的世界"。在工薪族这种将人生依附于公司的状态下，当然没法选择人际关系。

B是团体的领导者，处在轮毂的位置上，因此不仅能和团体中的成员（朋友），甚至还能和其他团体的领导者及周边的成员进行联系。在这种社交网络中肯定有最大的社会资本，但另一方面，因为肩负着对集团的责任，不能自由地操纵自己的位置。这是中小企业的经营者等组织领导人的现状，仍旧只能在人际关系的枷锁的束缚下生存着。

与此相对，C和任何团体都没有朋友关系，但另一方面处在干线的位置上，和团体的领导（轮毂）有着联系。这种关系应该没有团体内朋友间的关系紧密，但是即使切断了和特定对象之间的联系也不会有太大影响，可以通过其他轮毂和任何人轻松地交好。这和都市中室内足球的脆弱关系相同，不受制于政治空间（寺院）的枷锁，能在全球货币空间（市场）中将网络扩展到全世界。这种战略在本书被称为"自由媒介"。

幸福能传染

1998 年 11 月 12 日，田纳西州的一所高中内，一位女教师闻到了汽油味，并感到头痛、气喘、晕眩、恶心。看到这种情况，几位学生也马上表现出相似的症状，其他注视着事态发展的学生也说感到不舒服，火灾报警器在全校响起，警察、消防员、急救医生都出动了。最终，被送往医院的教师和学生达到了 100 人，有 38 人住院，学校被封锁了 4 天。（《大连接》）

但不可思议的是，即使消防署、燃气公司和劳动安全卫生局进行了彻底的调查，也没有找到原因。更奇怪的是，5 天后学校刚重新开课，就有 71 人身体出现问题，再次叫来了救护车。

为了查明此次事件，联邦环境保护厅、有害物质·疾病登录局、国立劳动安全卫生研究所、田纳西州保险局、田纳西州农务局等全部出动，但不管怎么调查都找不到原因。疾病对策中心（CDC）的流行病学调查部门接手此次事件后，给出的结论是"集体性的癔病"。因怪味而感到不适的只有那些直接看到病人的女性。

这种现象在现代被称为"集体心因疾病（MPI）"。患有MPI的人并非在装病，头痛和恶心也都是货真价实的。但是那些身体症状是看到一位女教师的情绪变化的女学生们无意识中感同身受而产生的心理波动。

同样的事例发生在一个有15000人口的村庄：因为一种"幽灵麻醉师"出没的恐慌，多地发生了公路收费站工作人员感到身体不适的状况。共通之处有两点：都是联系紧密的孤立团体，团体成员的压力都很大。患病的很多都是女性，但是从足球场到战场上男性成群地发泄暴力情绪的事例也很多。在由彻头彻尾的社会动物——人所构成的网络中，只要有一点儿契机感情就能"传染"。

"感情的传染"在村庄的健康度调查中也能看出。不吸烟的健康的人幸福度高，不健康的吸烟者幸福度低，但是幸福的人倾向于和幸福的邻居、不幸的人倾向于和不幸的邻居来往，处于社交网络干线上幸福度更高。和癔病一样，幸福和不幸也是能"传染"的。

这种不可思议的现象，可以通过我们想要变得和自己相似的人一样、想要效仿和自己相似的人的行为来进行说明。人的大脑会在无意识的状态下效仿、吸收周围人们的感情。

即使在意识上想做和别人不一样的事情，但在无意识的情况下就会迎合群体。

在幸福度的调查中，住在离自己家 1.6 千米（1 英里）范围内的朋友幸福的话，那么你自己感到幸福的概率就会上升 25%。在有更强情感联系的家庭中幸福的传染效果会更明显，尤其是女儿向父母的感情传递是很显著的。因为女孩子更能戳中内心。

"幸福传染"的效果是很大的，所以行为科学的研究者保罗·多兰在被问到"怎样能变得幸福呢""要更多性行为吗""要减肥吗"的时候，（半开玩笑地）给出了下面的回答。"请和幸福的人交朋友，和不幸的朋友断绝关系；请和有很多性行为的人交朋友，和性行为少的人断绝关系；请和瘦的人交朋友，和太胖的朋友断绝关系。"

此外多兰还建议在决定新的工作和住所时，应该考虑到"能对我的幸福作出最大贡献的人住在哪里呢"。

朋友之间距离越近就有越大的传染效果。通过"见面时有多快乐呢""见面有多频繁呢"来对朋友进行评价，接近使你感到愉快的朋友，和不愉快的朋友保持距离、找到物理上最合适的位置，这样会比较好。

通往"幸福"的捷径是根据对方的幸福度将"朋友目录"最优化（保罗·多兰《幸福的选择，不幸的选择》早川书房）。

脱离烦恼、获得自由的"单身充实派"

作为社会性动物，人的幸福感只能从社会资本（关系）中得到。在由无聊的人际关系构成的爱憎交织的世界里，牢固的关系有时能为我们带来很大的快乐，却也经常带来甚至能毁掉人生的不幸。正如大家都知道的那样，人生的问题大部分（除去金钱和健康）都是由于和身边的人恶化的关系产生的。

既然幸福和不幸都是从社会资本中产生的，那么就可以考虑将两种极端的观点作为对策。

其一是不厌恶人际关系的麻烦，在或哭或笑、或生气或相拥的朋友、家庭或者亲属的共同体中生存。从中小企业的经营者到黑社会老大，这样的人通常是有一定数量的，本人认为那样就是幸福的人生的话，也是很好的吧。

与此对立的是断绝一切人际关系。虽说如此，也不是指那种不和任何人交往的出世之人的生活方式。终身未婚、享受独身生活的人最近常被称作"单身充实派（一个人生活也感到充实）"，但创造出这个词汇的荒川和久在《超单身社会》中写到，2035 年日本将有一半人口是单身。

如果用本书中的框架来说明单身充实派的话，就是"将全部社会资本从政治空间中取出放入货币空间里的人"。（假设是男性的情况下）用夜总会来代替和女友的约会、用派遣型性服务等色情服务来满足性需求、和在俱乐部和派对上偶然遇到的人畅玩、一个人去加入室内足球比赛……贯彻这种生活方式的话，估计就不会再为人际关系而烦恼。

在佛教中，烦恼归根结底都是因人际关系（社会资本）产生的。佛陀号召人们醒悟，从烦恼中脱离、追寻自由，提倡正念等各种各样的精神技法。

但是思考一下的话，就能够知道终极单身充实派舍弃了与恋人和家庭的关系、从人际关系导致的麻烦（烦恼）中脱离出来，得到了自由，所以这和佛教的醒悟是相同的。在欧美和日本这样的发达国家，通过富裕（金钱）和科技，不进行任何修行，人们能达到"醒悟"的境界。

社会资本的"紧密关系（无聊的人际关系）"现在能够被电影、电视、动漫及游戏这种虚拟的影像代替（也可能是宠物这种身体上的互相接触）。科技更进步的话，甚至能够通过 VR（虚拟现实）技术谈恋爱或者进行性行为吧。

当然，这种选择"终极自由"的人（也包括我）应该不多吧。但是另一方面，在知识社会化和全球化高速发展、AI 等高科技不断进步的不远未来，以都市里的年轻精英阶层为中心，应该不会再在无聊的共同体中追求幸福，而是广泛地接受"失去了快乐也不必悲伤的生活方式"这种"进化论上的幸福论"吧。

公务员和自由职业者

人们为什么把人际关系从政治空间转移到货币空间，且逐渐倾向于当"单身贵族"呢？这一现象可以用一个幸福法则解释——比起仅有一次的剧烈疼痛，微弱但持久的痛苦更有损幸福。

幸福相关的研究反复显示，比起离婚或与所爱之人死别，每天长时间挤在人满为患的电车中上下班更让人感到不幸。乍一看，这似乎与常识相悖。但想到每天必须和讨厌的上司（同事、下属）见面，不少人还是会认同这一结论。

大概谁都亲身经历过吧，这世上有一些（根据经验大概是 5%）不好相处的人。在教育方面，他们是"怪兽家长"；在医疗方面，他们是"怪兽患者"。他们的存在已经成为社会问题，其中一部分是被称为精神病患者的精神病态者。

幸福感受损的最主要原因，是人们不得不跟这样的人保持关系。如果他们是顾客，人们尚有应对的方法，但如果他们是上司，情况就比较悲惨了，如果他们是同事或下属，这种交流时总是带有攻击性的人往往是职场这种（无处可逃的）封闭空间中强压力的来源。

在人际关系愈发复杂的现代社会，对人际关系十分敏感的日本人因这些"不好相处的人"而烦恼，也许正因此，人们需要"被讨厌的勇气"。但那也是有限度的，某些状况下，何种"勇气"都无济于事。然而，对于这个棘手的问题，有一种极其简单的解决办法，那就是，有选择不和"不好相处的人"交往的自由。

在调查不同职业的幸福度时，大量研究表明，个体经营者和公务员的幸福度较高。

虽然收入较少，但比起公务员，个体经营者的人生满足度要更高。其原因不仅是个体经营者能做自己喜欢做的事，实现自我，还因为时间（工作时间、时长）和人际关系（和谁工作）上的选择自由能大大提升幸福感。

那么，为什么公务员的幸福度也高呢？那是因为我们在追求自我实现的同时，还渴望稳定。

所谓公务员，其工作就是按照程序完成被赋予的职责，原则上不能以自己的裁度做判断。这意味着公务员没有工作价值（自我实现），但也无需负责，还能享受有保障的收入和生活直至退休，因此，这样的安稳感能带来幸福。同样，对于女性而言，做专职主妇要比双职工更幸福，是因为能成为专职主妇的原因，是丈夫的收入足以维持家庭生活。

如图 24 所示，把工作价值（个体经营者）和稳定（公务员）作为顶点，幸福度呈 U 型。工薪族的幸福度较低，大概可以归因于市场萎缩造成的工作价值丧失和裁员等带来的不稳定性。

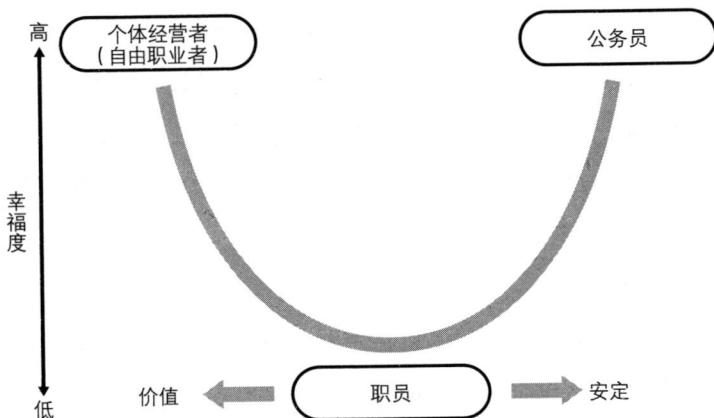

图 24

"自由职业者"的战略

由美国副总统阿尔·戈尔的首席演讲稿撰写人转业为作家的丹尼尔·平克在《自由工作者国度》（钻石社）中预言，未来人们将由从属于组织的生活方式转向更自由的工作方式。

在没有退休金制度和国民健康保险的美国，独立于组织的负担很大。但即便如此，被称为"独立专家"的自由职业者急剧增加，如果算上法人企业家，那么其总数大致达 3300 万人。自由职业者活跃于计算机、编程、顾问等各种领域，其收入比公司职员平均高出 15%，其中年收入 75000 美元以上人口的比例是工薪阶层的几倍。

记者大卫·布鲁克斯把美国新兴的上流阶层称为"BOBOS"。该词由"资产者"（Bourgeois）和"波西米亚式自由人"（Bohemians）合成。典型的 BOBOS，夫妻皆有高学历，住在自由的城市或郊区，虽然富裕却对富豪那样奢华的生活嗤之以鼻，但又不像嬉皮士那样反体制，过着尖端高科技触手可及的生活，却在自然简朴的事物中寻求终极价值（《美国新上流阶层 BOBOS》光文社）。

BOBOS 中大部分是律师、顾问等专家，或是企业内负责独立项目的创意阶层，比起专家，他们更认为自己是创作者。他们无意成为知名企业老板或富豪，而是向往成为诗人、小说家或电视节目主持人等"智慧名人"，即真正的创作者。

BOBOS 们经济充裕，因此并不关心资产的数额。他们之中也有人不穿名牌而青睐优衣库，不光顾银座高级日料店而喜欢和家人在附近的小餐馆悠闲聚餐。他们内心深处渴望得到的珍稀宝石——对他们而言真正有价值的东西——是知识圈子中的声誉。

自由职业是最适合知识社会的生存方式，它把所有的人力资本投资到"爱好"上，独占官僚化组织中无法创造出的文化产品、科技、技术或知识。自从他们能通过互联网和顾客直接联系后，就没有必要再从属于组织，就能享受可以选择人际关系的自由人生。

至今，日本社会仍由盛行间人主义的政治空间主导，在其中，异于工薪族的人生也许是难以想象的。但在全球化知识社会中，单身贵族和新贵族（BOBOS）兴起，奉行优先考虑自由和自我实现的个人主义的自由生活方式逐渐变得平常。

"幸福人生"的最佳组合

脱离组织（紧密联系）的弊端是生活会变得不稳定，而好处是可以选择人际关系（和讨厌的上司、客户断绝联系）。如何衡量利弊，因人而异。日本等先进国家中抑郁症蔓延，大概是因为现代社会中人际关系渐趋复杂。所有的调查显示，"健康、金钱、人际关系"是人生烦恼，因此，如果从事自由职业，能不和讨厌的人相处，那么人生烦恼的三分之一就消失了（如果经济上能独立，那么金钱的烦恼也没有了，剩下的只是健康烦恼）。

然而，即便如此，完全赞成"单身贵族"这种生活方式的人大概也不太多。因为即便"所有的不幸都来自于人际关系"，如果因此就舍弃爱情、友情，那么生活的意义也不复存在了。

那么，对我们这种"凡人"而言，"幸福人生"的最佳组合是怎样的呢？

经济独立，工作充实，与家人朋友关系亲密的人生应该是许多人的理想吧，但通常这样"超级充实派"的人生组合是无法实现的。因为金钱会引起人际关系的纠纷。

加之，"紧密关系"中，有两个应当留意的问题。

一个问题是，从投资理论角度考虑，"紧密关系"是社会资本在当地和企业极度集中的一种状态。东日本大地震和福岛核泄漏事故使东北地区的"当地"遭受毁灭性打击。受全

203

球化冲击，现在是大企业、名企也时刻面临破产危机的时代。如果把（社会资产的）鸡蛋都放在一个篮子里，那么冲击来临时，很可能会损失一切。

与之相对的"松散关系"，是把社会资本分散投资，因此，抵御风险的能力更强。如果把人际交往圈扩大到全世界，那么万一本国无法居住，就能依靠海外的朋友移居外国，生存下去（这并非空话，涌至欧洲的叙利亚难民就是如此）。

另外一个问题是，在社会学中，"紧密关系"一方面指集体内部成员通过情感共鸣产生幸福感，另一方面，它的整体感来源于对集体外部（非同类者）的排挤或歧视。校园霸凌就是典型的例子，从企业同期到妈妈朋友，有相关经历的人大抵都知道"朋友圈"有着这样残酷的一面。

与之相对的"松散关系"，是人们在（商务或爱好等方面）价值观相似，认知上有共鸣的基础上构建起来的界限模糊的集体。因此它对差异是比较宽容的。反过来说，正是因为这种宽容的存在，人们能把信用作为"货币"，跨越人种和国籍的差异、宗教和性取向的分歧，扩大"社交圈"。

基于上述特征，"幸福人生"的最佳组合，难道不是以和珍惜的人组成的爱情空间为核心，同时用货币空间的松散联系创造社会资本吗？简而言之，即把"紧密关系"minimal（最小化）至恋人和家人之间，把包含友情的其他关系全部置换到货币空间。

如此，人们不再依赖于组织（"寺院的世界"）生活，作为专家和创作者，充分发挥人力资本（专业知识和技术、文化产品），以项目为单位，和投契的伙伴一起工作。这种方式在电影制作中尤为典型，制片人制订计划，筹措资金，从电影劳动力市场召集导演和演职人员，完成作品（项目）后解散团队。虽说在电影业谋生不易，但从业者对工作的满足度很高，原因也许在于"自己的作品"能问世，也在于工作环境并非寺院的世界，没有强制的人际关系，而是容许自由选择的市场。

自由职业者聚散离合，以项目为单位的工作方式，不仅在电影、音乐和戏剧等文化产业，在游戏和应用程序开发等科技产业中也已成为主流。

习惯了企业组织中密集人际关系的人也许会觉得这种工作方式有所欠缺，但工薪族都会在退休后失去大部分的人力资本和社会资本。现在是百岁人生时代，不论年龄，一直维持松散联系，作为自由职业者进行项目型工作的"终生在职战略"显然要更有效。

换言之，"幸福人生"的最佳组合正如图25所示。如此，人们既没有金钱上的压力，也没有人际关系上的压力，把人力资本集中于爱好，从而"自我实现"。

图 25

　　正如美国的新贵族（BOBOS）正在实践的那样，这并非空想，而是最适合知识社会的现实战略。当然，如果好好把握生于现今的日本这一"奇迹"和"幸运"，那么自不待言，你也能实现"幸福人生"。

第十五章 "真正的自我"在哪里？

本书已进入尾声，现在让我们来探讨最重要的一点，那就是，"真正的自我在哪里？"

正如前文所述，我们在名为"人生"的游戏中，被进化这一程序设定着，既要在所属集体中确保地位（角色），力争突出，又要努力使己方优于敌方。我们为什么要参与这么复杂的游戏呢？因为如果落败，就会被敌方斩尽杀绝，而且如果在集体中不突出，就无法赢得异性。男性如此，女性即便规则有所不同，也基本上参与着同样的游戏。

"集体"一旦形成，同属一个集体的人们就开始合纵连横。明确区分敌方和己方，联合敌方的敌人，战胜对方，扩张势力——从战国时代到流氓、政治家、企业内的派系争斗，追溯历史，从旧石器时代或从黑猩猩进化为人之前起，人们一直重复着同样的游戏。

在这样复杂的人际关系游戏中，我们想要"自我实现"，这意味着邂逅"真正的自己"。

"寻找自我"已沦为被人嗤之以鼻的过时说法。但它仍然存在，大概是因为我们都还有着"真正的自己在哪里"的感觉吧。这种感觉没有错，"真正的自我"确实是存在的。

究竟在哪里呢？

在你的过去里。

朋友之间有着"避免角色雷同"的重要原则，因此一个集体中不会有两个人同时充当领导。即便适合当领导的成员不止一人，如果一人充当领导，其他人（参谋和游离者等）就会（自然而然地）选择别的角色。"领导型"的孩子应该会以成为政治家和经营者等人上之人为目标，"滑稽型"的男孩向着搞笑艺人的方向发展，"受欢迎型"的女孩梦想成为偶像，"体育型"的孩子则想成为职业棒球手或职业足球运动员……

但是在成人世界中，不是领导型的人会被要求担任上司，原本是滑稽型的人却做了公务员这种严肃的工作。每当发生这样的"角色错位"时，人们就会感到"这不是真正的自我"。"真正的自我"是小时候在朋友之间选择的"地位＝角色"的别名。

这么想来也就明白了为什么"温和派不良少年"在"自我实现"上没有烦恼，因为，他们在"紧密关系"中维持着学生时代的友谊，一直扮演着同样的"角色"。

然而，人们为了生存往往不得不放弃儿时的角色。理论上这样判断是对的，但潜意识会缺乏合理性，因此人们无法接受 "成人的世界"。这样，人们心中就会一直留有儿时的自我（角色），一直诉说着 "我在寻找自我"。

终章　即便如此，幸福还是难以实现

幸福人生的最佳战略是什么呢？可以归纳为以下三点：

　　1. 金融资产实现"经济独立"，从而从金钱焦虑中解放出来，拥有自由人生。

　　2. 人力资本把儿时的角色当作天职，从而实现"真正的自我"。

　　3. 把社会资本从政治空间转移到货币空间，从而能够选择人际关系。

根据人力资本理论，我们把金融资本投资于金融市场，把人力资本投资于劳动市场。由于互联网的出现，松散关系中衍生的"信用"变得公开透明。在信用经济社会中，把社会资本投资于信用市场就能获得"幸福"这种财富。下面是把三种资本，即资产合为一体的"幸福统一理论"：

1. 把金融资产分散投资。

2. 把人力资本集中投资于爱好。

3. 把社会资本分散于狭小的爱情空间和广阔的货币空间。

打下坚实的"地基"后，人们就能按照各自的选择建起"幸福人生"的房子。简言之，这就是本书的内容。

出生于现今的日本，是一种"奇迹"和"幸运"。拥有这种"奇迹"和"幸运"的我们要实现幸福，绝不是不可能的。如若能好好规划人生，即便时有福祸，本书的读者应该都能收获自由的人生吧。但是，真正的问题还在后头。

迈克尔幸福吗

迈克尔·杰克逊的 *THIS IS IT* 是思考何为"幸福"时必看的电影。

被称为流行歌王的非凡超级巨星迎来了 50 岁的生日，并表明了要在伦敦召开演唱会的愿望。从 2009 年 4 月开始进入彩排，在正式演出一个月前的 6 月 25 日，突然在伦敦寓所去世。死因是过度使用麻醉药。

在收入了彩排现场的电影里，为了这场完美的演唱会，迈克尔对伴舞演员的细微动作以及乐队的某个音准精益求精，努力到极限。

尽管在他的工作人员看来是很完美的舞蹈，但迈克尔就像幼小的孩子似的，如果演唱会失败，他就会感到有威胁。因此，他患上了严重的失眠，睡不着的时候身体状况的管理比较困难，于是他越发不安，恳请主治医师给他全身麻醉让他睡觉。

财富和名声集于一身的超级巨星到底幸福吗？在人生的最后阶段都一直在追求理想表演的意义上也许是他的真实愿望。但是，看了 *THIS IS IT*，可能没人会羡慕迈克尔的人生。从他的表情来看，人们感受到的只是他被无穷的压力所碾轧的痛苦。

为什么不能幸福呢？这是因为所有事物都遵循边际效用递减的规律。

人们都很憧憬早上醒来后感到"我是多么幸福！"的这种生活。如果有才能和幸运，也许会得到那样的生活。

但是，人们也会慢慢习惯这种幸福感。而且，在它的空隙里，不幸的事情也会悄悄侵入。

这件事，在彩票的一等奖获得者的追踪调查中得到认证。在美国彩票中奖会将自己暴露在媒体之下，人们也会知道他以后的人生，这在日本是无法想象的。

当然从一贫如洗的生活到当上亿万富翁，他们陶醉于前所未有的幸福感里。但是不可思议的是，中了奖五年后（快的话 2～3 年），他们比以前更加不幸。

他们到底发生了什么，我们用三种资本/资产来说明。

首先，中奖拿到的奖金达到了金融资产的高峰，中奖者突然实现了"经济独立"。每天只做自己喜欢做的事情就行，幸福感爆棚，达到顶点。

但是，发生了第二种变化。成为亿万富翁后，很多人都不会再从事无聊的工作了，一定会提出辞职。于是，他们的人力资本变成零，

然后，发生了第三种变化。知道了他们成为亿万富翁的兄弟姐妹、亲戚、学生时代的朋友和过去的熟人会源源不断地过来借钱。结果，他们陷于不相信任何人的状态，到最后的固定模式就是切断了与所有朋友的关系。于是，社会资本也变成零。

幸运的中奖者在短时间内失去了人力资本和社会资本，剩下的只有金融资本。即使这样，他们有着足够的金钱倒也没有问题，但是这里有个陷阱。通过自己的能力赚钱的人们，他们会用钱、会节约。但是，突然遇到天上掉馅饼的人们，会购入豪宅、会掺和一些奇怪的投资活动，他们会很快失去全部财产。

金融资本不存在了，人力资本和社会资本也失去了，最后只剩下"贫穷"。

不幸和幸福一样，边际效用也会慢慢递减。

调查了因交通事故而失去双腿的人们的幸福度，在事故之后（当然）会受到严重打击、不幸福，但是几个月后他们的幸福度与事故前完全一样。为什么会这样呢？这是因为人们（正确来说是大脑）对于自己身上发生的事情会有积极考

虑的倾向（也可以说所有的事情自己都会按照自己的意思合理解释）。

伤口愈合后坐着轮椅，他们知道自己比当初想象的情况更好，能自由移动。家人和来看望他们的朋友会说，"你能在那场事故中活下来就是一种奇迹"。于是，他们在习惯轮椅生活之后，积极地在想"自己真是运气好"，幸福感就会增加（也许会开始训练，目标是参加残疾人奥运会）。

与配偶或孩子死别后会感到极大的痛苦，但这也会在数年后治愈，幸福感重新回来（成年以后与兄弟姐妹死别，几乎不会感到不幸）。就连死亡也如此的话，那么离婚的心痛也会在数月恢复，女性会比结婚时感到更加幸福。这也是因为人们会无意识地找寻积极之处（尼克·波塔维的《幸福计算式》CCC媒体屋）。

以上研究让我们明白了幸福就像追寻海市蜃楼一样，不能执着追求。

从进化论来说，人们为了得到从不幸中的恢复力，会牺牲幸福。人生会遇到各种事件，一会儿幸福，一会儿不幸，人们的感情总能恢复到平时的状态（也许那是遗传性的、天生就是固定的）。

如果得到人生设计的理想组合，除了家人关系和健康问题等无法回避的（命运），人们平时几乎没有任何压力。但这也是主观上认为"自己比别人稍微幸福一点儿"。

幸福与逆境间不融洽的关系

那么，"真正的"幸福在哪里呢？

纽约州立大学布法罗学校的心理学家马克·D.西里在2010年发表的"谁都能经受考验"一文中，对"创伤会增加抑郁症或不安症等病症的风险"这种世人的一般论调提出了异议。

西里以2000个美国人为对象进行了大规模的研究，调查了遭受过严重病症、受伤、失去朋友或爱人、经济上出现大问题、受到虐待或者性暴力伤害等各种经历过逆境的人们四年后的健康状态。

过去有着重大创伤，处境不幸的人们，当然现在也处于贫困状态，幸福指数低。但是，其调查结果显示出逆U字型曲线，抑郁症的风险遍地，健康上的问题也变少，对于人生满意程度更高的人们是经历过中等程度逆境的人。不管是经历过逆境的人，还是没有经历过逆境的人，都会有抑郁状态、健康问题，会对人生的满意度低。

此外有人调查了新近遭受挫折的人群，结果过去经历过逆境的人比起没有经历过逆境的人，其抑郁状态和产生的健康问题都比较少。

很多人都认为人生没有逆境才好，没有经历过逆境的人在某种程度上与有过痛苦经历的人相比，幸福感低、健康状态也不太好。不仅如此，过去毫无逆境经历的人与经历逆境程度较为平均的人相比对人生的满意度会更低。

西里的此项研究遭到了人们激烈的反驳，他们说："你是要我们感谢痛苦吗？"其实，这个结果并不让人感到意外。如果把人生比作游戏，没有任何阻碍，只是一个劲儿地往前冲，那将毫无乐趣可言（大富豪的公子对人生绝望是毫无新意的故事情节）。现在回过头看当时的困难，会发现对自己来说，那是场积极的经历。

理解这种现象的关键在于"逆境已经成为过客"。不然，就会被逆境戏弄坠入社会底层，或是失去生命导致最坏的结局。"逆境让我们更加满足于自己的人生"是一种恒真命题。

困难越大，那么解决困难后的幸福感就越强烈，这让我们更加清楚，"幸福"存在于理想人生的各种资产组合里。

我们朝着幸福人生努力的过程，也许才是最幸福的。

后记

　　撰写此书的契机是作家渡边一朗先生就"幸福人生"对我进行采访一事。于是，我以过去的著作为基础进行了内容整合，总结成这本书。受东日本大地震的影响，2011 年 7月，出版《大震灾后关于人生的论述》（书名改为《日本人之风险》收录于讲谈社 + α 文库）之时，有想"写尽人生设计"的心情。这次，从"三种资本 / 资产的组合"的视点出发，总结了幸福的"资本论"，也意识到自己还有其他新的发现。

　　过去，"幸福"是神的专利。但是，出生在达尔文之后的我们，已经不能再依靠神。幸福是主观性的，正因为如此，我们才会自己思考"自己的幸福"，"设计"自己的幸福。

　　这本书中所写的内容都是经过各种研究所得出的证据，即使这样，与所有的幸福论一样，也是根据我个人的人生体验所写的，这一点毫无疑问。

我 40 岁刚当上代理人的时候，也希望自己的人生能尽量简单。从此以后，我每天的生活就是读读书写写文章，时不时地观看一下足球比赛，也都是一成不变的生活。上电视会受到外界的各种刺激，与我自己的"性格"不合，所以没有心思去做。相反，一年中我会有好几个月在外旅行。

　　作为经济独立的一介写手，不隶属于任何组织、不用忌讳任何人，写自己喜欢写的东西，将读者的声音（包括批判）当作社会资本，如果大家都不读自己写的书，那我的写手人生将就此结束。这虽然是小事，但对我来说，这是最期望的事情。

　　当上写手之后，我一直在想，这个工作就是"探寻读者之旅"。另一方面，也是读者在找寻作者。

　　没有适合于所有人的一般性"幸福法则"。这本书不能满足所有的读者，这也是无可奈何之事。但是，心理学家为我们揭示了何种建议有用，其原理也非常简单，那就是：

　　与自己相似的人提出的建议更为有效。

　　如果此书有幸对"与我相似"的您的人生起到某种作用，那我就心满意足了。

橘玲

2017 年 5 月

图书在版编目（CIP）数据

幸福资本论 /（日）橘玲 著；王雪 译. — 北京：东方出版社，2019.2
ISBN 978-7-5207-0674-2

Ⅰ.①幸…　Ⅱ.①橘…②王…　Ⅲ.①幸福—通俗读物　Ⅳ.①B82-49

中国版本图书馆CIP数据核字（2018）第280844号

本书中文简体字版权由汉和国际（香港）有限公司代理
中文简体字版专有权属东方出版社
著作权合同登记号 图字：01-2018-4939号

幸福资本论
（XINGFU ZIBEN LUN）

作　　者：［日］橘　玲
译　　者：王　雪
责任编辑：陈丽娜　刘　峥
出　　版：东方出版社
发　　行：人民东方出版传媒有限公司
地　　址：北京市东城区东四十条113号
邮　　编：100007
印　　刷：三河市金泰源印务有限公司
版　　次：2019年2月第1版
印　　次：2019年2月第1次印刷
开　　本：880毫米×1230毫米　1/32
印　　张：7.5
字　　数：100千字
书　　号：ISBN 978-7-5207-0674-2
定　　价：32.00元
发行电话：（010）85924663　85924644　85924641